21 世纪高等学校基础工业 CAD/CAM 规划教材

数控编程与加工技术

周　荃　张爱英　主　编

清华大学出版社
北 京

内 容 简 介

　　数控加工作为目前机加工的一种手段,已成为衡量一个国家制造业水平的重要标志。为了适应我国高等职业技术教育发展及应用型技术人才培养的需要,经过实践与总结,编写了这本数控技术教材。本书共分七大项目,包括数控机床的认知,数控加工工艺设计,数控机床的程序编制,数控切削加工技术,数控特种加工技术,数控机床的安装、调试及验收,实训项目强化等内容。每个项目根据内容的多少和加工对象的不同又由 3～4 个"任务"组成。本教材可作为高职高专机械制造与自动化、数控技术、机电一体化、模具设计与制造等机械类专业的教学用书,也可作为相近专业的师生和从事相关工作的工程技术人员的参考书。

图书在版编目(CIP)数据

数控编程与加工技术/周荃,张爱英主编. —北京:清华大学出版社,2012.2(2016.3 重印)
(21 世纪高等学校基础工业 CAD/CAM 规划教材)
ISBN 978-7-302-27744-6

Ⅰ. ①数…　Ⅱ. ①周… ②张…　Ⅲ. ①数控机床—程序设计 ②数控机床—加工　Ⅳ. ①TG659

中国版本图书馆 CIP 数据核字(2011)第 280172 号

责任编辑:刘向威　薛　阳
封面设计:杨　兮
责任校对:胡伟民
责任印制:王静怡
出版发行:清华大学出版社
　　　　网　　　址:http://www.tup.com.cn, http://www.wqbook.com
　　　　地　　　址:北京清华大学学研大厦 A 座　　　邮　　编:100084
　　　　社 总 机:010-62770175　　　　　　　　　邮　　购:010-62786544
　　　　投稿与读者服务:010-62776969, c-service@tup.tsinghua.edu.cn
　　　　质 量 反 馈:010-62772015, zhiliang@tup.tsinghua.edu.cn
印 装 者:清华大学印刷厂
经　　销:全国新华书店
开　　本:185mm×260mm　　　印　张:12.25　　　字　数:303 千字
版　　次:2012 年 2 月第 1 版　　　　　　　　印　次:2016 年 3 月第 3 次印刷
印　　数:3501～4500
定　　价:30.00 元

产品编号:045158-02

数控编程与加工技术

主　编　周　荃　张爱英

副主编　徐砚良　刘新玲

　　　　鲁月芝

参　编　于翠玉　丁树坤

　　　　张荣高　刘汝娟

　　　　郭大路　陈　娟

前　言

近年来，随着计算机技术的发展，数字控制技术已经广泛应用于工业控制的各个领域，尤其是在机械制造业中，普通机械正逐渐被高效率、高精度、高自动化的数控机械所替代。数控加工作为目前机加工的一种手段，已成为衡量一个国家制造业水平的重要标志。专家们预言：21 世纪机械制造业的竞争，其实质是数控技术的竞争。目前，随着国内数控机床用量的剧增，急需培养一大批能够熟练掌握现代数控机床编程、操作和维护的应用型高级技术人才。为了适应我国高等职业技术教育发展及应用型技术人才培养的需要，经过实践与总结，编写了这本数控技术教材。

本书采用项目化与任务驱动的教学方法，突破了传统数控技术教材在内容上的局限性，突出了系统性、实践性和综合性等特点。全书各章节联系紧密，并精选了大量经过实践验证的典型实例。

本书共分七大项目，包括数控机床的认知，数控加工工艺设计，数控机床的程序编制，数控切削加工技术，数控特种加工技术，数控机床的安装、调试及验收，实训项目强化等内容。每个项目根据内容的多少和加工对象的不同又分为 3～4 个"任务"。

本教材可作为高职高专机械制造与自动化、数控技术、机电一体化、模具设计与制造等机械类专业的教学用书，也可作为相近专业的师生和从事相关工作的工程技术人员的参考书。

参加本书编写工作的有周荃、张爱英、徐砚良、刘新玲、鲁月芝等。周荃编写了项目一和项目三中的任务三，其中张爱英编写了项目六和项目七，鲁月芝编写了项目二和项目四，徐砚良编写了项目五，刘新玲编写了项目三中的任务一和任务二，于翠玉、丁树坤、张荣高、刘汝娟、郭大路、陈娟也参加了本书的编写工作。本书由周荃和张爱英担任主编，徐砚良、刘新玲和鲁月芝担任副主编。全书由周荃、张爱英统稿。

由于编者水平有限，数控技术发展迅速，所以本书难免有不足之处，望读者和各位同仁提出宝贵意见。

编　者

2010 年 5 月

目 录

项目一　数控机床的认知

项目导读

随着科学技术的发展和竞争的日益激烈,一种适合于产品更新换代快、品种多、质量和生产效率高、成本低的自动化生产设备的应用已迫在眉睫。而数控机床则能适应这种要求,满足目前生产需求。数控机床与普通机床相比,不仅具有零件加工精度高、生产效率高、产品质量稳定、自动化程度极高的特点,而且还可以完成普通机床难以完成或根本不能完成的复杂曲面零件的加工。因此,数控机床被广泛地应用于制造业,极大地推动了社会生产力的发展,是制造业实现自动化、网络化、柔性化、集成化的基础。

本项目以数控加工的需求为出发点,主要介绍了什么是数控机床,数控机床的组成及分类,如何实现数控机床的自动控制,数控机床的驱动装置有何特点及常见数控机床的主体结构等内容。

项目目标

(1) 了解什么是数控加工。

(2) 了解数控机床的组成及工作原理。

(3) 掌握刀具半径补偿原理。

(4) 熟悉数控机床的基本结构。

任务一　现代数控技术概论

一、数控技术的产生与发展

1. 数控技术的产生与发展过程

数控是数字控制(Numerical Control,NC)的简称,在机械制造领域其含义是指用数字化信号对机床运动及其加工过程进行控制的一种自动化技术。采用数控技术的机床或者说装备了数控系统的机床称为数控机床。

随着科学技术和社会生产的不断发展,人们对机械产品的性能、质量、生产率和成本提出了越来越高的要求。机械加工工艺过程自动化是实现上述要求的重要技术措施之一。单件、小批生产占机械加工的80%左右,一种适合于产品更新换代快、品种多、质量和生产率高、成本低的自动化生产设备的应用已迫在眉睫。而数控机床则能适应这种要求,满足目前生产需求。数控技术的产生及发展过程简介如下。

1949年美国帕森斯公司与麻省理工学院开始合作,1952年研制出能进行三轴控制的数控铣床样机,取名为 Numerical Control。

1953年麻省理工学院开发出只需确定零件轮廓、指定切削路线,即可生成 NC 程序的自动编程语言。

1959 年美国 Keaney&Trecker 公司成功开发了带刀库,能自动进行刀具交换,一次装夹即能进行铣、钻、镗、攻丝等多种加工功能的数控机床,这就是数控机床的新种类——加工中心。

1968 年英国首次将多台数控机床、无人化搬运小车和自动仓库在计算机控制下连接成自动加工系统,这就是柔性制造系统 FMS。

1974 年微处理器开始用于机床的数控系统中,从此计算机数控系统(CNC)软接线数控技术随着计算机技术的发展得以快速发展。

1976 年美国 Lockhead 公司开始使用图像编程。利用计算机辅助设计(CAD)绘出加工零件的模型,在显示器上"指点"被加工的部位,输入所需的工艺参数,即可由计算机自动计算刀具路径,模拟加工状态,获得 NC 程序。

直接数控(Direct Numerical Control,DNC)技术始于 20 世纪 60 年代末期。它使用一台通用计算机,直接控制和管理一群数控机床及数控加工中心,进行多品种、多工序的自动加工。DNC 群控技术是 FMS 柔性制造技术的基础,随着 DNC 数控技术的发展,数控机床已成为无人控制工厂的基本组成单元。

20 世纪 90 年代,出现了包括市场预测、生产决策、产品设计与制造和销售等全过程均由计算机集成管理和控制的计算机集成制造系统(CIMS)。其中,数控机床是其基本控制单元。

20 世纪 90 年代,基于 PC-NC 的智能数控系统开始得到发展,它打破了原数控厂家各自为政的封闭式专用系统结构模式,提供开放式基础,使升级换代变得非常容易。充分利用现有 PC 机的软硬件资源,使远程控制、远程检测诊断能够得以实现。

2. 数控机床的发展趋势

随着微电子技术和计算机技术的发展,数控系统性能日趋完善,数控系统应用领域日益扩大。为了满足社会经济发展和科技发展的需要,数控系统正朝着高精度、高速度、高可靠性、智能化及开放性等方向发展。

1) 高速、高精度

速度和精度是数控系统的两个重要技术指标,它直接关系到加工效率和产品质量。要提高生产率,其最重要的方法是提高切削速度。高速度主要取决于数控系统数据处理的速度,采用高速微处理器是提高数控系统速度的最有效手段。有的系统还制造了插补器的专用芯片,以提高插补速度;有的采用多微处理系统,进一步提高了控制速度。

现代数控机床在提高加工速度的同时,也在提高加工精度。提高数控机床加工精度,一般是通过减小数控系统的误差和采取误差补偿技术来实现的。在减小数控系统误差方面,通常采用提高数控系统的分辨率、提高位置检测精度及改善伺服系统的响应特性等方法。

2) 高可靠性

衡量可靠性的重要指标是平均无故障工作时间(MTBF),现代数控系统的平均无故障工作时间可达到 10 000～36 000h。此外,现代数控系统还具有人工智能的故障诊断系统,能对潜在的和发生的故障发出报警,提示解决方法。

3) 智能化

智能化的内容包含在数控系统中的各个方面中,分别如下:

（1）为追求加工效率和加工质量方面的智能化，如自适应控制、工艺参数自动生成。

（2）为提高驱动性能及使用连接方面的智能化。

（3）在简化编程、简化操作方面的智能化，如智能化的自动编程、智能化的人机界面等。

（4）智能诊断、智能监控方面的内容，方便系统的诊断及维修等。

4）通信功能更强

为了适应自动化技术的进一步发展，一般数控系统都具有 RS-232 和 RS-422 高速远距离串行接口。可按照用户的要求，与上一级计算机进行数据交换。高档的数控系统应具有直接数字控制 DNC 接口，可以实现几台数控机床之间的数据通信，也可以直接对几台数控机床进行控制。

5）开放性

由于数控系统生产厂家技术的保密，传统的数控系统是一种专用封闭式系统，各个厂家的产品之间以及与通用计算机之间不兼容，维修、升级困难，难以满足市场对数控技术的要求。针对这些情况，人们提出了开放式数控系统的概念，国内外数控系统生产厂家正在大力研发开放式数控系统。开放式数控系统具有标准化的人机界面和编程语言，软、硬件兼容，维修方便。

二、数控机床的组成及工作原理

1. 数控机床的组成

数控机床通常是由程序载体、CNC 装置、伺服系统、检测与反馈装置、辅助装置、机床本体组成，如图 1-1 所示。

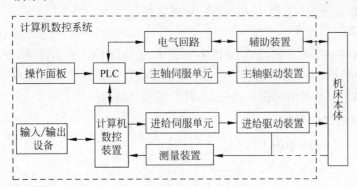

图 1-1　数控机床的组成框图

1）程序载体

数控机床的零件加工程序以一定的格式和代码存储在一种载体上，这种载体称为程序载体。程序载体可以是磁盘、磁带、硬盘和闪存卡等。由于复杂模具和大型零件的加工程序占用内存空间大以及网络技术的发展，目前加工程序的执行方式根据数控机床控制系统的内存空间大小分为两种方式：一种是采用 CNC 方式，即先将加工程序输入机床，然后调出来执行；另一种是采用 DNC 方式，即将机床与计算机连接，机床的内存作为存储的缓冲区，加工程序由计算机一边传送，机床一边执行。

2）CNC 装置

计算机数控装置是计算机数控系统的核心，其主要作用是根据输入的工件加工程序或操作命令进行译码、运算、控制等响应的处理，然后输出控制命令到相应的执行部件（伺服单元、驱动单元和 PLC 等），完成工件加工程序或操作者要求的工作。它主要由计算机系统、位置控制板、PLC 接口板、通信接口板、扩展功能模板以及相应的控制软件的模块组成。

3）伺服系统

伺服系统的作用是把来自数控装置的脉冲信号转换成机床移动部件的运动，一般由功率放大器和伺服控制电机组成。按照特性可分为步进式、交流、直流伺服系统三种。其性能好坏直接决定了加工精度、表面质量和生产率。CNC 每输出一个进给脉冲，伺服系统就使工作台移动一个脉冲当量 δ。脉冲当量 δ 为对于每个脉冲信号，机床工作台移动的位移，也称为机床的分辨率。常见的有 0.01mm、0.001mm 等。

4）检测与反馈装置

位置检测装置运用各种灵敏的位移、速度传感器检测机床工作台的运动方向、速率、距离等参数，并将位移、速度等物理量转变成对应的电信号显示出来，并且送到机床数控装置中进行处理和计算，实现数控系统工作的反馈控制，使数控装置能够校核机床的理论位置及实际位置是否一致，数控系统利用理论位置与实际位置的差值进行工作，并由机床数控装置发出指令，修正产生的理论位置与实际位置的误差。

5）辅助装置

辅助装置是把计算机送来的辅助控制指令（M，S，T 等）经机床接口转换成强电信号，用来控制主轴电动机启停和变速、冷却液的开关及分度工作台的转位和自动换刀等动作。它主要包括储备刀具的刀库、自动换刀装置（ATC）、自动托盘交换装置（APC）、工件的夹紧机构、回转工作台以及液压、气动、冷却、润滑、排屑装置等。

6）机床本体

机床本体是被控制的对象，是数控机床的主体，机床本体主要由床身、立柱、主轴、进给机构等机械部件组成。一般需要对它进行位移、角度、速度和各种开关量的控制。数控机床采用了高性能的主轴及进给伺服驱动装置，其机械传动结构得到了简化。

2. 数控机床的工作原理

数控机床的工作原理如图 1-2 所示。

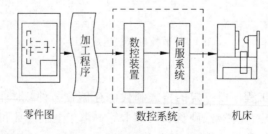

零件图　　　　　　数控系统　　　　机床

图 1-2　数控机床工作原理图

（1）根据零件加工图样进行工艺分析，拟定加工工艺方案，确定加工工艺过程、工艺参数和刀具位移数据。

（2）用规定的程序代码和格式编写零件加工程序，或用 CAD/CAM 软件直接生成零件的加工程序。

（3）把零件加工程序输入或传输到数控系统。

（4）数控系统对加工程序进行译码与运算，发出相应的命令，通过伺服系统驱动机床的各个运动部件，并控制刀具与工件的相对运动，最后加工出形状、尺寸与精度都符合要求的零件。

三、数控机床的种类

数控机床的品种规格繁多，分类方法不一。根据数控机床的功能和结构，一般可以按下面 4 种方式进行分类。

1. 按照工艺用途分类

（1）金属切削类：数控车床、数控铣床、数控钻床、数控镗床、数控磨床、加工中心等。

（2）金属成型类：数控压力机、数控冲床、数控折弯机、数控弯管机等。

（3）特种加工类：数控线切割、数控电火花、数控激光切割机等。

（4）其他类：数控三坐标测量机、数控装配机、机器人等。

2. 按照控制运动的方式分类

1）点位控制数控机床

数控系统只控制刀具从一点到另一点的准确定位，在移动过程中不进行加工，对两点间的移动速度及运动轨迹没有严格的要求。图 1-3 显示了点位控制数控机床的刀具轨迹。这类数控机床主要有数控钻床、数控坐标镗床、数控冲床和数控测量机等。

2）直线控制数控机床

数控系统除了控制点与点之间的准确位置以外，还要保证两点之间的移动轨迹是一条平行于坐标轴的直线，而且对移动速度也要进行控制，以便适应随工艺因素变化的不同要求。图 1-4 显示了直线控制数控机床的刀具轨迹。这类数控机床主要有简易的数控车床、数控铣床、加工中心和数控磨床等。这种机床的数控系统也称为直线控制数控系统。

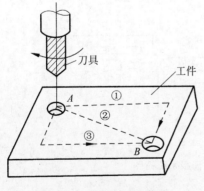

图 1-3　点位控制刀具轨迹

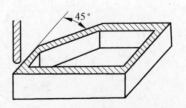

图 1-4　直线控制刀具轨迹

3）轮廓控制数控机床

轮廓控制数控机床能同时对两个或两个以上的坐标进行连续相关的控制,不仅能控制轮廓的起点和终点,而且还要控制轨迹上每一点的速度和位移,以加工出任意斜线、圆弧、抛物线及其他函数关系的曲线或曲面。图 1-5 显示了轮廓控制数控机床的刀具轨迹。这类数控机床主要有数控车床、数控铣床、数控电火花线切割机床和加工中心等。

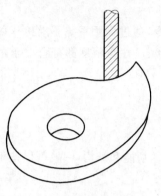

图 1-5　轮廓控制刀具轨迹

3. 按照伺服系统的控制方式分类

1）开环数控机床

开环数控机床采用开环进给伺服系统,如图 1-6 所示。开环进给伺服系统没有位置反馈装置,信号流是单向的,故稳定性好。但由于无位置反馈,精度不高,其精度主要取决于伺服驱动系统和机械传动机构的性能和精度。该系统一般以步进电动机作为伺服驱动单元,具有结构简单、工作稳定、调试方便、维修简单、价格低廉等优点,在精度和速度要求不高、驱动力矩不大的场合得到广泛应用。

图 1-6　开环进给伺服系统简图

2）闭环数控机床

闭环数控机床的系统如图 1-7 所示,闭环控制系统在机床运动部件或工作台上直接安装直线位移检测装置,将检测到的实际位移反馈到数控装置的比较器中,与程序指令值进行比较,用差值进行控制,直到差值为零,这样可以消除整个传动环节的误差和间隙,因而具有很高的位置控制精度。但是由于位置环内的许多机械传动环节的摩擦特性、刚性和间隙都是非线性的,很容易造成系统不稳定。因此闭环系统的设计、安装和调试都有相当的难度,对其环节的精度、刚性和传动特性等都有较高的要求,故价格昂贵。这类系统主要用于精度要求很高的镗铣床、超精磨床以及较大型的数控机床等。

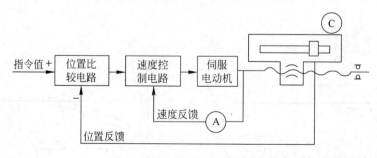

图 1-7　闭环进给伺服系统简图

3）半闭环数控机床

如果将角位移检测装置安装在驱动电机的端部,或安装在传动丝杠端部,间接测量执行部件的实际位置或位移,就是半闭环控制系统,如图 1-8 所示。它介于开环和闭环控制之间,获得的位移精度比开环的高,但比闭环的要低。与闭环控制系统相比,易于实现系统的稳定性。现在大多数数控机床都采用半闭环控制系统。

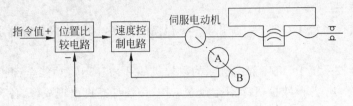

图 1-8　半闭环进给伺服系统简图

4. 按照数控系统装置的功能水平分类

按照数控装置的功能水平可大致把数控机床分为经济型数控机床、中档数控机床和高档数控机床,三档的界限是相对的,不同时期的划分标准会有所不同。

1) 经济型数控机床

经济型数控机床大多指采用开环控制系统的数控机床,其功能简单,精度一般,价格低。采用 8 位微处理器或单片机控制,分辨率为 $10\mu m$,快速进给速度为 $6\sim 8m/min$,采用步进电动机驱动,一般无通信功能,有的具有 RS-232 接口,联动轴数为 $2\sim 3$ 轴,具有数码显示或 CRT 字符显示功能,如经济型数控线切割机床、数控车床、数控铣床等。

2) 中档数控机床

中档数控机床大多采用交流或直流伺服电动机实现半闭环控制,其功能较多,以实用为主,还具有一定的图形显示功能及面向用户的宏程序功能等。采用 16 位或 32 位微处理器,分辨率为 $1\mu m$,快速进给速度在 $15\sim 24m/min$ 之间,具有 RS-232 接口,联动轴数为 $2\sim 5$ 轴。这类数控机床的功能较全,价格适中,应用较广。

3) 高档数控机床

高档数控机床是指加工复杂形状的多轴联动加工中心,一般采用 32 位以上微处理器,采用多微处理器结构。分辨率为 $0.1\mu m$,快速进给速度可达 $100m/min$ 或更高,具有高性能通信接口及联网功能,联动轴数在 5 轴以上,有三维动态图形显示功能。这类数控机床的功能齐全,价格昂贵,如具有 5 轴以上的数控铣床,加工复杂零件的大、重型数控机床,五面体加工中心,车削加工中心等。

四、先进制造系统简介

由一台通用计算机对数台 CNC 机床进行集中监控,称为直接数字控制系统(DNC)。将 CNC 机床与传递系统和控制系统等有机地组合起来,可形成柔性制造单元(FMC)或柔性制造系统(FMS)。如果把生产活动的全部环节,包括市场分析、产品设计、加工制造、经营管理等,通过集成技术实现计算机控制的一体化管理,则可形成高效率、高智能的计算机集成制造系统(CIMS)。

1. 直接数字控制(DNC)

计算机直接数字控制系统(Direct Numerical Control,DNC)也称为计算机群控系统,它是用一台大型通用计算机为数台数控机床进行自动编程,并直接控制一群数控机床的系统。大型通用计算机也称为中央计算机,它有足够的存储容量,可以统一存储和管理大量的零件程序。根据机床与计算机结合方式的不同,直接数字控制可分为间接型、直接型和计算机网络三种不同的方式。

在间接型群控系统中,把来自通用计算机存储的程序,通过连接装置分别传输到每台机床的数控系统中。

在直接型群控系统中,机床群中机床的数控机能和插补运算功能全部由中央计算机来完成,在这种系统中,各台数控机床不能独立工作,一旦计算机出现故障,各台数控机床都将停止运行。

在计算机网络群控系统中,各台数控机床都有独立的、由小型计算机构成的数控系统,并与中央计算机连接成网络,实现分级控制。由于每台数控专用计算机价格比较便宜,又都有应用软件,并且相对具有独立性,所以整个网络不再由一台计算机去分时完成所有数控系统的功能,全部机床可连续进行工作。

DNC 系统与 CNC 系统最大的区别是:CNC 系统采用专业的过程控制计算机控制一台机床,而 DNC 系统中则用一台中央计算机分时管理多台数控机床。

2. 柔性制造系统(FMS)

1) FMS 的定义

FMS 是由两台以上 CNC 机床组成并配备有自动化物料储运子系统的制造系统,它是适用于中小批量、较多品种加工的高柔性、高智能的制造系统。

FMS 作为一种先进制造技术的代表,不局限于零件的加工,在与加工和装配相关的领域里也得到越来越广泛的应用。在我国有关标准中,FMS 被定义为:由数控加工设备、物流储运装置和计算机控制系统组成的自动化制造系统,它包括多个柔性制造单元,能根据制造任务或生产环境的变化迅速进行调整,适用于多品种、中小批量生产。

2) FMS 的组成

(1) 加工系统。加工系统中的加工设备主要由 4～10 台加工中心组成,所用的刀具必须标准化、系列化以及具有较长的寿命,以减少刀具数量和换刀次数。加工系统中还应具备完善的在线检测和监控功能,以及排泄、清洗、装卸、去毛刺等辅助功能。

(2) 物流系统。在 FMS 中,工件和工具流称为物流,物流系统即物料储运系统,一个工件从毛坯到成品的整个生产过程中,只有相当小的一部分时间在机床上进行切削加工,大部分时间消耗于物料的储运过程中。合理地选择 FMS 的物料储运系统,可以大大减少物料的运送时间,提高整个制造系统的柔性和效率。

(3) 信息系统。信息系统包括过程控制及过程监控两个系统。大多采用中央计算机集中控制系统。对整个 FMS 实行监控,对每一个标准的数控加工中心或制造单元的加工数据实行控制,对刀具、夹具等进行集中管理和控制,协调各控制装置之间的动作。

3) FMS 的特点

一个普通零件在工厂的全部时间中,近 95% 的时间是在等待,2% 的时间用于装卸,只有 3% 的时间用于实际加工。等待时间包括设备故障、劳动力管理不善、定位、换刀、测量和安装、停机及其他等待时间。所以,如何发挥数控机床的效率是 FMS 的设计目标。虽然 FMS 的定义描述各不相同,但它们反映了 FMS 应具备如下特点。

(1) 保证系统具有一定的柔性的同时,还具有较高的设备利用率。

(2) 减少设备投资。

(3) 减少直接工时费用。

(4) 缩短生产准备时间。

(5) 对加工对象具有快速应变能力。

(6) 维持生产能力强。

(7) 产品质量高、稳定性好。

(8) 运行及产量的灵活性。

(9) 便于实现工厂自动化。

(10) 投资高、风险大,管理水平要求高。

3. 计算机集成制造系统(CIMS)

1) CIMS的定义

计算机集成制造系统(Computer Integrated Manufacturing System,CIMS),是采用现代计算机技术将企业生产的全过程,从市场分析、产品订货、产品设计、加工制造、经营管理到售后服务等生产过程,通过信息集成实现现代化的生产制造,提高生产率,有效地提高企业对市场需求的影响能力。

2) CIMS的组成

从系统的功能角度考虑,一般认为 CIMS 可由经营管理信息系统、工程设计自动化系统、制造自动化系统和质量保证信息系统这四个功能分系统,以及计算机网络系统和数据库管理系统这两个支撑系统组成。

(1) 经营管理信息系统。经营管理信息系统是将企业生产经营过程中产、供、销、人、财、物等进行统一管理的计算机应用系统,是 CIMS 的神经中枢,指挥与控制着 CIMS 其他各部分有条不紊地工作。它具有三方面的基本功能:信息处理、事务管理和辅助决策。

(2) 工程设计自动化系统。工程设计自动化系统实质上是指在产品设计开发过程中引用计算机技术,使产品设计开发工作更有效、更优质、更自动地进行。产品设计开发活动包含有产品概念设计、工程结构分析、详细设计、工艺设计,以及数控编程等产品设计和制造准备阶段中的一系列工作。工程设计自动化系统通常包括人们所熟悉的 CAD/CAPP/CAM 系统。

(3) 制造自动化系统。制造自动化系统由加工系统、控制系统、物流系统和监控系统组成。

(4) 质量保证信息系统。质量保证信息系统是以提高企业产品制造质量和企业工作管理质量为目标,通过质量保证规划、工况监控采集、质量分析评价和控制,以达到预定的质量要求。

(5) 计算机网络系统。计算机网络系统是以共享资源为目的,由多台计算机、终端设备、数据传输设备以及通信控制处理等设备集合而成,它们在统一的通信协议的控制下具有独立自治的能力,具有硬件、软件和数据共享的功能。

(6) 数据库管理系统。

CIMS 的数据库管理系统是处理位于不同结点的计算机中各种不同类型的数据,因此集成的数据管理系统必须采用分布式异型数据库技术,通过互联的网络体结构完成全局的数据调用和分布式的事务处理。

3) CIMS 的特点

新一代 CIMS 将并行工程、精良生产、敏捷制造和虚拟制造等新思想、新概念融入其中，它具有以下特点。

（1）简化的系统及操作方式。

（2）采用动态多变的组织结构和虚拟公司的形式，使其能快速响应市场的变化。

（3）采用并行工程的方法，将产品设计、制造、销售、后勤保障和分配活动全部集成在一起。

（4）以用户为核心，尽可能缩短产品开发周期，提高质量，降低成本，并最大限度满足用户要求。

（5）强调人的作用，强调技术、组织和人的全面集成。

由上述特点可知，新一代 CIMS 既具有使系统得到总体优化的并行工程的特点，也具有能使 CIMS 真正取得效益的精良生产和敏捷制造的特点。

任务二　数控机床控制原理

一、计算机数控系统的组成和功能

计算机数字控制系统（Computer Numerical Control，CNC）是数控机床的核心和标志。CNC 装置有别于 NC（Numerical Control）装置，它将小型或微型计算机引入数控装置，并充分利用计算机的存储原理，由软件来实现部分或全部数控功能，具有良好的柔性。

1. CNC 系统的组成

CNC 系统包括程序（操作面板）、输入设备、输出设备、计算机数字控制装置（CNC 装置）、可编程控制器（PLC）、主轴驱动装置和进给（伺服）驱动装置等部分，其结构框图如图 1-9 所示。

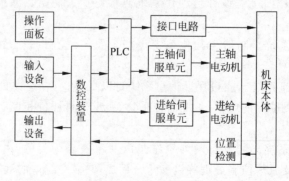

图 1-9　CNC 系统框图

1) 硬件结构

根据硬件结构的不同，CNC 装置可分为多微处理器和单微处理器两大类。

单微处理器结构是指系统只有一个 CPU 作为核心,这个 CPU 通过总线连接存储器和各种接口,采用集中控制、分时处理的方法来完成输入/输出、插补计算、伺服控制等各种任务。这种系统硬件和软件结构都比较简单。图 1-10 为典型单微处理器硬件结构框图。

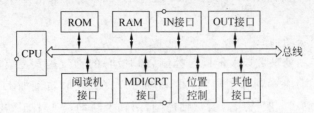

图 1-10 单微处理器硬件结构

所谓多微处理器结构,即采用多个 CPU 来分别控制 CNC 装置的各个功能模块,以实现多个控制任务的并行处理和执行,从而大大提高整个系统的处理速度。多 CPU 结构一般采用共享总线的互连方式。在这种互连方式中,根据具体情况将系统划分成多个功能模块,各模块通过系统总线相互连接。典型的多 CPU 结构的系统组成如图 1-11 所示。

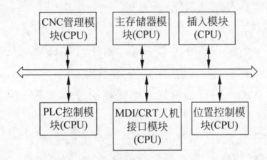

图 1-11 多微处理器结构系统组成

2) 软件结构

CNC 系统的软件结构是一种用于零件加工的、实时控制的、特殊的(或称为专用的)计算机操作系统。CNC 系统的软件包括管理软件和控制软件两大类。管理软件由零件程序的输入输出程序、显示程序和诊断程序等组成。控制软件由译码程序、刀具补偿计算程序、速度控制程序、插补运算程序和位置控制程序等组成。CNC 系统的软件结构如图 1-12 所示。

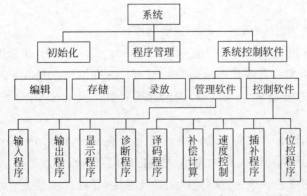

图 1-12 CNC 系统软件结构

2. CNC 系统的功能

CNC 装置的功能主要反映在准备功能 G 指令代码和辅助功能 M 指令代码上。根据数控机床的类型、用途、档次的高低,CNC 装置的功能有很大的不同,下面介绍其主要功能。

1) 控制轴数和联动轴数

CNC 装置能控制的轴数以及能同时控制(即联动)的轴数是其主要性能之一。控制轴有移动轴和回转轴,有基本轴和附加轴;联动轴可以完成轮廓轨迹加工。一般数控车床只需两轴控制两轴联动;一般铣床需要三轴控制,两轴半联动;一般加工中心为三轴联动,多轴控制。控制轴数越多,特别是同时控制轴数越多,CNC 装置的功能就越强,同时 CNC 装置就越复杂,编制程序也就越困难。

2) 点位与连续移动功能

点位移动系统用于定位式的加工机床,如钻床、冲床;连续移动系统(或称为轮廓控制)用于刀具轨迹连续形式的加工机床,如车床、铣床、复杂型面的加工中心等。连续移动系统必须有两个以上进给坐标具有联动功能。

3) 程编单位与坐标移动分辨率

多数系统程编单位与坐标移动分辨率一致。对于直线移动坐标,大部分系统的程编单位和坐标移动分辨率为 0.001mm;近几年开发的系统,可达 0.1μm。对于回转坐标,大部分系统为 0.001°。有的系统允许程编单位与坐标移动分辨率不一致。

4) 插补功能

CNC 装置通过软件进行插补,数据采样插补是当前的主要方法。一般数控装置都有直线和圆弧插补功能,高档数控装置还具有抛物线插补、螺旋线插补、极坐标插补、样条插补等功能。

5) 固定循环加工功能

用数控机床加工零件,一些典型的加工工序,如钻孔、攻丝、镗孔、深孔钻削、车螺纹等,所需完成的动作循环十分典型,将这些典型动作预先编好程序并存储在内存中,用 G 代码编写指令,这就形成了固定循环指令。使用固定循环指令可以简化编程。固定循环加工指令有钻孔、镗孔、攻丝循环,车削、铣削循环,复合加工循环,车螺纹循环等。

6) 进给功能

进给功能用 F 代码直接指定各轴的进给速度。

(1) 切削进给速度。一般进给速度为 1mm/min~24m/min。在选用系统时,该指标应和坐标轴移动的分辨率结合起来考虑,如 24m/min 的进给速度是在分辨率为 1μm 时达到的。FANUC-15 系统分辨率为 1μm 时,进给速度可达 100m/min;分辨率为 0.1μm 时,进给速度为 24m/min。

(2) 同步进给速度。指主轴每转时进给轴的进给量,单位为 mm/rpm。只有主轴上装有位置编码器(一般为脉冲编码器)的机床才能指定同步进给速度。

(3) 快速进给速度。一般为进给速度的最高速度,它通过参数设定,用 G00 表示快速进给。还可通过操作面板上的快速倍率开关进行分挡。

（4）进给倍率。操作面板上设置了进给倍率开关，倍率可在 0%～200%之间变化，每挡间隔 10%。使用倍率开关不用修改程序就可以改变进给速度。

7）主轴速度功能

（1）主轴转速的编码方式。一般用 S2 位数和 S4 位数表示，单位为 r/min 或 mm/min。

（2）恒定线速度。该功能对保证车床或磨床加工工件端面质量很有意义。

（3）主轴定向准停。该功能使主轴在径向的某一位置准确停止，有自动换刀功能的机床必须选取有这一功能的 CNC 装置。

8）刀具功能和补偿功能

刀具功能包括能选取的刀具数量和种类、刀具的编码方式、自动换刀的方式等，补偿功能包括以下几点。

（1）刀具长度、刀具半径补偿和刀尖圆弧的补偿。这些功能可以补偿刀具磨损以及换刀时对准正确位置。

（2）工艺量的补偿。包括坐标轴的反向间隙补偿、进给传动件的传动误差补偿（如丝杠螺距补偿、进给齿条齿距误差补偿）、机件的温度变形补偿等。

9）其他的准备功能（G 代码）和辅助功能（M 代码）

插补功能、固定循环和刀具长度、半径补偿等都属于准备功能。实际上和加工、运算、控制有关的准备功能很多，如程序暂停、平面选择、坐标设定、基准点返回、米英制转换、软件限位等。

辅助功能实现了数控加工中不可缺少的辅助操作，一般有 M00～M99 一百种。各种型号的数控装置具有辅助功能多少差别很大，而且有许多是自定义的。常用的辅助功能有程序停，主轴启、停、转向，冷却泵的接通和断开，刀库的启、停等。

10）字符图形显示功能

CNC 装置可配置 9 英寸单色或 14 英寸彩色 CRT，通过软件和接口实现字符和图形显示。可以显示程序、参数、各种补偿量、坐标位置、故障信息、人机对话编程菜单、零件图形、动态刀具轨迹等。

11）输入、输出和通信功能

一般的 CNC 装置可以接多种输入、输出外设，实现程序和参数的输入、输出和存储。目前大部分采用通过面板上的键盘将程序输入数控系统（MDI 功能）。由于 DNC 和 FMS 等的要求，CNC 装置必须能够和主机通过 RS-232 接口进行通信。

12）自诊断功能

CNC 装置中设置了各种诊断程序，可以防止故障的发生或扩大，在故障出现后可迅速查明故障类型及部位，减小故障停机时间。不同的 CNC 装置设置的诊断程序不同，可以包含在系统程序中，在系统运行过程中进行检查和诊断；也可作为服务性程序，在系统运行前或故障停机后进行诊断，查找故障部位。有的 CNC 装置可以进行远程通信诊断。

二、运动轨迹的插补原理

1. 插补概述

在实际加工中，被加工工件的轮廓形状千差万别。严格来说，为了满足几何尺寸精度的要求,刀具中心轨迹应该准确地依照工件的轮廓形状来生成,对于简单的曲线,数控系统可以比较容易实现,但对于较复杂的形状,若直接生成会使算法变得很复杂,计算机的工作量也相应的大大增加。因此,实际应用中常采用一小段直线或圆弧进行拟合就可满足精度要求,这种拟合方法就是插补。插补就是指数据密化的过程,数控系统根据给定的数学函数,在理想的轨迹或轮廓上的已知点之间进行数据点的密化,来确定一些中间点的方法。

数控系统中,完成插补运算的装置称为插补器。根据插补器的结构可分为硬件插补器和软件插补器两种类型。

早期的硬件数控系统(NC)都采用硬件的数字逻辑电路来完成插补工作,称为硬件插补器。它主要由数字电路构成,其插补运算速度快,但灵活性差,不易更改,结构复杂,成本高。以硬件为基础的数控系统中,数控装置采用了电压脉冲作为插补点坐标增量输出,其中每一脉冲都在相应的坐标轴上产生一个基本长度单位的运动。在这种系统中,一个脉冲 P 对应着一个基本长度单位。这些脉冲可驱动开环控制系统中的步进电动机,也可驱动闭环控制系统中的直流伺服电动机。每发送一个脉冲,工作台相对刀具移动一个基本长度单位(脉冲当量)。脉冲当量的大小决定了加工精度,发送给每一坐标轴的脉冲数目决定了相对运动距离,而脉冲的频率代表了坐标轴的速度。

在计算机数控系统(CNC)中,由软件(程序)完成插补工作的装置,称为软件插补器。软件插补器主要由微处理器组成。通过编程就可完成不同的插补任务,这种插补器的结构简单,灵活多变。现代计算机数控系统为了满足插补速度和插补精度越来越高的要求,采用软件与硬件相结合的方法,由软件完成粗插补,由硬件完成精插补。

2. 脉冲增量插补

脉冲增量插补(又称为基准脉冲插补)就是通过向各个运动轴分配脉冲,控制机床坐标轴作相互协调的运动,从而加工出一定形状零件轮廓的算法。显然,这类插补算法的输出是脉冲形式,并且每次仅产生一个单位的行程增量,故称之为脉冲增量插补。

由于这类插补算法比较简单,通常仅需几次加法和移位操作就可完成,比较容易用硬件实现,当然,也可用软件来模拟硬件实现这类插补运算。通常,属于这类插补算法的有数字脉冲乘法器、逐点比较法、数字积分法以及一些相应的改进算法等。下面以逐点比较法为例介绍其基本方法。

逐点比较法的基本思想是被控制对象在按要求的轨迹运动时,每走一步都要与规定的轨迹比较一下,根据比较结果来决策下一步的移动方向。该方法可进行直线和圆弧插补。这种算法的特点是:运算直观、容易理解、插补误差小于一个脉冲当量、输出脉冲均匀,因此在两坐标插补的开环步进控制系统中应用很普遍。

1) 逐点比较法直线插补

(1) 偏差函数构造。现有第一象限直线 OA,A 点坐标 (X_e,Y_e),如图 1-13 所示,直线上任一点 $P(X,Y)$:

$$X/Y = X_e/Y_e$$

若刀具加工点为 $P_i(X_i,Y_i)$,则该点的偏差函数 F_i 可表示为:

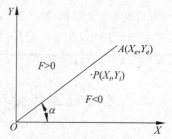

图 1-13　逐点比较法直线插补

① 若 $F_i = 0$，表示加工点位于直线上；

② 若 $F_i > 0$，表示加工点位于直线上方；

③ 若 $F_i < 0$，表示加工点位于直线下方。

（2）偏差函数的递推计算。采用偏差函数的递推式（迭代式）计算，即由前一点计算后一点，由 $Y_i X_e - X_i Y_e = 0$ 取判别函数：

$$F_i = Y_i X_e - X_i Y_e$$

若 $F_i \geqslant 0$，表明 $P_i(X_i, Y_i)$ 点在 OA 直线上方或在直线上，应沿 $+X$ 方向进给一步，假设坐标值的单位为脉冲当量，走步后新的坐标值为 (X_{i+1}, Y_{i+1})，且 $X_{i+1} = X_i + 1$，$Y_{i+1} = Y_i$，则新点偏差为

$$F_{i+1} = X_e Y_{i+1} - X_{i+1} Y_e = X_e Y_i - (X_i + 1) Y_e = X_e Y_i - X_i Y_e - Y_e = F_i - Y_e$$

若 $F_i < 0$，表明 $P_i(X_i, Y_i)$ 点在 OA 直线的下方，应向 $+Y$ 方向进给一步，新点坐标值为 (X_{i+1}, Y_{i+1})，且 $X_{i+1} = X_i$，$Y_{i+1} = Y_i + 1$，新点的偏差为

$$F_{i+1} = X_e Y_{i+1} - X_{i+1} Y_e = X_e (Y_i + 1) - X_i Y_e = X_e Y_i - X_i Y_e + X_e = F_i + X_e$$

（3）终点判别。直线插补的终点判别可采用以下三种方法：

① 判断插补或进给的总步数；

② 分别判断各坐标轴的进给步数；

③ 仅判断进给步数较多的坐标轴的进给步数。逐点比较法直线插补流程如图 1-14 所示。

（4）逐点比较法直线插补举例。欲加工第一象限直线 OE，如图 1-15 所示，起点为坐标原点，终点坐标为 $E(4,3)$。试用逐点比较法对该段直线进行插补，并画出插补轨迹。

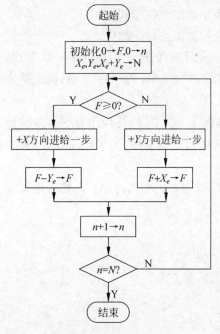

图 1-14　直线插补流程图

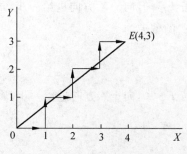

图 1-15　直线插补实例

表 1-1   逐点比较法直线插补计算

序号	偏差判别	坐标进给	偏差计算	终点判别
起点			$F_0 = 0$	$n = 7$
1	$F_0 = 0$	$+X$	$F_1 = F_0 - Y_e = -3$	$n = 6$
2	$F_1 = 0$	$+Y$	$F_2 = F_1 + X_e = 1$	$n = 5$
3	$F_2 = 0$	$+X$	$F_3 = F_2 - Y_e = -2$	$n = 4$
4	$F_3 = 0$	$+Y$	$F_4 = F_3 + X_e = 2$	$n = 3$
5	$F_3 = 0$	$+X$	$F_5 = F_4 - Y_e = -1$	$n = 2$
6	$F_5 = 0$	$+Y$	$F_6 = F_5 + X_e = 3$	$n = 1$
7	$F_6 = 0$	$+X$	$F_7 = F_6 - Y_e = 0$	$n = 0$

2）逐点比较法圆弧插补

（1）偏差函数构造。在圆弧加工过程中,可用动点到圆心的距离来描述刀具位置与被加工圆弧之间关系。如图 1-16 所示,设圆弧圆心在坐标原点,已知圆弧起点 $A(X_0, Y_0)$,终点 $B(X_e, Y_e)$,圆弧半径为 R。

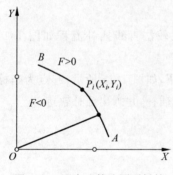

图 1-16   逐点比较法圆弧插补

加工点可能在三种情况下出现,即圆弧上、圆弧外、圆弧内。当动点 $P(X_i, Y_i)$ 位于圆弧上时:

$$X^2 + Y^2 = R^2$$

取判别函数 $F = X^2 + Y^2 - R^2$

任意加工点 $P_i(X_i, Y_i)$,偏差函数 F_i 可表示为:

① 若 $F_i = 0$,表示加工点位于圆上;

② 若 $F_i > 0$,表示加工点位于圆外;

③ 若 $F_i < 0$,表示加工点位于圆内。

（2）坐标进给。把 $F_i = 0$ 和 $F_i > 0$ 合在一起考虑,当 $F_i \geqslant 0$ 时,向 $-X$ 方向进给一步;当 $F_i < 0$ 时,向 $+Y$ 方向进给一步。

（3）偏差计算。每进给一步后,计算一次偏差函数 F_i,以 F_i 的符号作为下一步进给方向的判别标准。显然,直接按偏差函数的定义公式计算偏差很麻烦,为了便于计算,推导偏差函数的递推公式如下。

若 $F_i \geqslant 0$,向 $-X$ 方向进给一步,加工点由 $P_i(X_i, Y_i)$ 移动到 $P_{i+1}(X_{i+1}, Y_i)$,则新加工点 P_{i+1} 的偏差为

$$X_{i+1} = X_i - 1$$
$$F_{i+1} = F_i - 2X_i + 1$$

若 $F_i < 0$,向 $+Y$ 方向进给一步,则新加工点 P_{i+1} 的偏差为

$$Y_{i+1} = Y_i + 1$$
$$F_{i+1} = F_i + 2Y_i + 1$$

以上就是第一象限逆圆插补加工时偏差计算的递推公式。

对于第一象限顺圆,当 $F_i \geqslant 0$ 时应向 $-Y$ 方向进给一步;当 $F_i < 0$ 时,应向 $+X$ 方向进

给一步。加工动点向 $-Y$ 方向进给一步时,新加工点 P_{i+1} 的偏差为

$$Y_{i+1} = Y_i - 1$$
$$F_{i+1} = F_i - 2Y_i + 1$$

加工动点向 $+X$ 方向进给一步时,新加工点 P_i+1 的偏差为

$$X_{i+1} = X_i + 1$$
$$F_{i+1} = F_i + 2X_i + 1$$

以上是第一象限顺圆插补加工时偏差计算的递推公式。

（4）终点判别。

① 根据 X,Y 方向应进给的总步数之和 Σ 判断,每进给一步,进行 $\Sigma - 1$,直至 $\Sigma = 0$ 停止插补。

② 分别判断各坐标轴的进给步数: $\Sigma_X = |X_e - X_0|$, $\Sigma_Y = |Y_e - Y_0|$,向坐标轴进给一步,相应的进给步数 $\Sigma - 1$,直至 $\Sigma_X = 0$, $\Sigma_Y = 0$ 时停止插补。

（5）逐点比较法圆弧插补举例。欲加工第一象限顺圆弧 AB,如图 1-17 所示,起点 $A(0,4)$,终点 $B(4,0)$,试用逐点比较法进行插补。

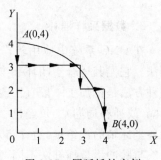

图 1-17　圆弧插补实例

表 1-2　逐点比较法圆弧插补计算

步数	偏差判别	坐标进给	偏差计算	坐标计算	终点判别
起点			$F_0 = 0$	$X_0 = 0, Y_0 = 4$	$n = 8$
1	$F_0 = 0$	$-Y$	$F_1 = F_0 - 2Y_0 + 1 = -7$	$X_1 = 0, Y_1 = 3$	$n = 7$
2	$F_1 < 0$	$+X$	$F_2 = F_1 + 2X_1 + 1 = -6$	$X_2 = 1, Y_2 = 3$	$n = 6$
3	$F_2 < 0$	$+X$	$F_3 = F_2 + 2X_2 + 1 = -3$	$X_3 = 2, Y_3 = 3$	$n = 5$
4	$F_3 < 0$	$+X$	$F_4 = F_3 + 2X_3 + 1 = 2$	$X_4 = 3, Y_4 = 3$	$n = 4$
5	$F_4 > 0$	$-Y$	$F_5 = F_4 - 2Y_4 + 1 = -3$	$X_5 = 3, Y_5 = 2$	$n = 3$
6	$F_5 < 0$	$+X$	$F_6 = F_5 + 2X_5 + 1 = 4$	$X_6 = 4, Y_6 = 2$	$n = 2$
7	$F_6 > 0$	$-Y$	$F_7 = F_6 - 2Y_6 + 1 = 1$	$X_7 = 4, Y_7 = 1$	$n = 1$
8	$F_7 > 0$	$-Y$	$F_8 = F_7 - 2Y_7 + 1 = 0$	$X_8 = 4, Y_8 = 0$	$n = 0$

（6）四个象限的圆弧插补。参照图 1-18,第一象限逆圆弧的运动趋势是 X 轴绝对值减小,Y 轴绝对值增大,当动点在圆弧上或圆弧外,即 $F \geqslant 0$ 时,X 轴沿负向进给,新动点的偏差函数为

$$F_{i+1} = F_i - 2X_i + 1$$

当 $F < 0$ 时,Y 轴沿正向进给,新动点的偏差函数为

$$F_{i+1} = F_i + 2Y_{i+1} + 1$$

如果插补计算都用坐标的绝对值,将进给方向另做处理,四个象限插补公式可以统一起来,当对第一象限顺圆插补时,将 X 轴正向进给改为 X 轴负向进给,则走出的是第二象限逆圆,若沿 X 轴负向、Y 轴正向进给,则走出的是第三象限顺圆。四个象限圆弧进给

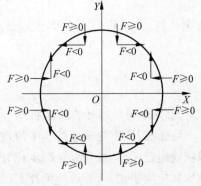

图 1-18　四个象限圆弧进给方向

方向如图 1-18 所示,圆弧插补计算过程见表 1-3。

表 1-3　　圆弧插补计算过程表

进　给	坐 标 计 算	偏 差 计 算	终 点 判 别
$+X$	$X_{i+1}=X_i+1$	$F_{i+1}=F_i+2X_i+1$	$X_e-X_{i+1}=0$
$-X$	$X_{i+1}=X_i-1$	$F_{i+1}=F_i-2X_i+1$	$X_e-X_{i+1}=0$
$+Y$	$Y_{i+1}=Y_i+1$	$F_{i+1}=F_i+2Y_i+1$	$Y_e-Y_{i+1}=0$
$-Y$	$Y_{i+1}=Y_i-1$	$F_{i+1}=F_i-2Y_i+1$	$Y_e-Y_{i+1}=0$

3. 数据采样插补

在 CNC 系统中应用较广泛的另一种插补计算方法是数据采样插补法,或称为时间分割法。它尤其适合于闭环和半闭环以直流或交流电动机为执行机构的位置采样控制系统。这种方法是把加工一段直线或圆弧的整段时间细分为许多相等的时间间隔,称为单位时间间隔(或插补周期)。每经过一个单位时间间隔就进行一次插补计算,算出在这一时间间隔内各坐标轴的进给量,边计算,边加工,直至加工终点。

与脉冲增量插补法不同,采用数据采样法插补时,在加工某一直线段或圆弧段的加工指令中必须给出加工进给速度 v,先通过速度计算,将进给速度分割成单位时间间隔的插补进给量(或称为轮廓步长,义称为一次插补进给量)。这类算法的核心问题是如何计算各坐标轴的增长数 ΔX 或 ΔY(而不是单个脉冲),有了前一插补周期末的动点位置值和本次插补周期内的坐标增长段,就很容易计算出本插补周期末的动点命令位置坐标值。对于直线插补来讲,插补所形成的轮廓步长子线段(即增长段)与给定的直线重合,不会造成轨迹误差。而在圆弧插补中,因要用切线或弦线来逼近圆弧,因而不可避免地会带来轮廓误差。其中切线近似具有较大的轮廓误差而不大采用,常用的是弦线逼近法。

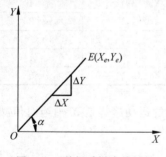

图 1-19　数据采样直线插补

1) 数据采样插补法直线插补

设要加工图 1-19 所示的直线 OE,插补周期 T,起点在坐标原点 O,终点为 $E(X_e,Y_e)$,直线与 X 轴夹角为 α,则有

$$\tan\alpha=\frac{Y_e}{X_e}$$

$$\cos\alpha=\frac{1}{\sqrt{1+\tan^2\alpha}}$$

由 $l=FT$ 计算出轮廓步长,从而求得本次插补周期内各坐标轴进给量为

$$\Delta X=l\cos\alpha$$

$$\Delta Y=\frac{Y_e}{X_e}\Delta X$$

2) 数据采样插补法圆弧插补

圆弧插补,需先根据指令中的进给速度 F,计算出轮廓步长 $l=FT$,再进行插补计算。以弦线逼近圆弧,就是以轮廓步长为圆弧上相邻两个插补点之间的弦长,由前一个插补点的坐标和轮廓步长,计算后一插补点,实质上是求后一插补点到前一插补点两个坐标轴的进给量 $\Delta X,\Delta Y$。如图 1-20 所示,$A(X_i,Y_i)$ 为当前点,$B(X_{i+1},Y_{i+1})$ 为插补后到达的点,图 1-20 中

AB 弦正是圆弧插补时在一个插补周期的步长 l，需计算 X 轴和 Y 轴的进给量 $\triangle X = X_{i+1} - X_i$，$\triangle Y = Y_{i+1} - Y_i$。$AP$ 是 A 点的切线，M 是弦的中点，$OM \perp AB$，$ME \perp AG$，E 为 AG 的中点。式中，δ 为轮廓步长所对应的圆心角增量，也称为角步距。圆心角计算如下

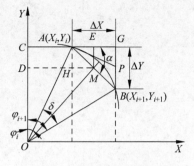

图 1-20 数据采样圆弧插补

$$\alpha = \angle MOD = \varphi_i + \frac{\delta}{2}$$

$$\tan\left(\varphi_i + \frac{\delta}{2}\right) = \frac{DH + HM}{OC - CD}$$

$$\tan\alpha = \frac{X_i + \frac{1}{2}l\cos\alpha}{Y_i - \frac{1}{2}l\sin\alpha} = \frac{\triangle Y}{\triangle X} = \frac{X_i + \frac{1}{2}\triangle X}{Y_i - \frac{1}{2}\triangle Y}$$

上式中，$\sin\alpha$ 和 $\cos\alpha$ 都是未知数，难以用简单方法求解，采用近似计算，用 $\sin 45°$ 和 $\cos 45°$ 来取代，则

$$\tan\alpha \approx \frac{X_i + \frac{\sqrt{2}}{4}l}{Y_i - \frac{\sqrt{2}}{4}l} = \tan\alpha'$$

$$\triangle X' = l\cos\alpha' = AF'$$

$$\triangle Y' = \frac{\left(X_i + \frac{1}{2}\triangle X'\right)\triangle X'}{Y_i - \frac{1}{2}\triangle Y'}$$

$$X_{i+1} = X_i + \triangle X'$$

$$Y_{i+1} = Y_i + \triangle Y'$$

三、刀具半径补偿原理

1. 刀具补偿的基本原理

数控加工中，是按零件轮廓进行编程的。由于刀具总有一定的半径（如铣刀半径、铜丝的半径），刀具中心运动的轨迹并不等于所需加工零件的实际轮廓。也就是说，数控机床进行轮廓加工时，必须考虑刀具半径。如图 1-21 所示，在进行外轮廓加工时，刀具中心需要偏移零件的外轮廓面一个半径值。这种偏移称为刀具半径补偿。

刀具半径的补偿通常不是由编程人员来完成，编程人员只是按零件的加工轮廓编制程序，同时用指令 G41、G42、G40 告诉 CNC 系统刀具是沿零件内轮廓还是外轮廓运动。实际的刀具半径补偿是在 CNC 系统内部由计算机自动完成的。CNC 系统根据零件轮廓尺寸（直线或圆弧以及其起点和终点）和刀具运动的方向指令（G41、G42、G40），以及实际加工中所用的刀具半径值自动地完成刀具半径补偿计算。

根据标准，当刀具中心轨迹在编程轨迹（零件轮廓）前进方向的右边时称为右刀具补偿，简称为右刀补，用 G42 表示；反之，则称为左刀补，用 G41 表示；当不需要进行刀具补偿时

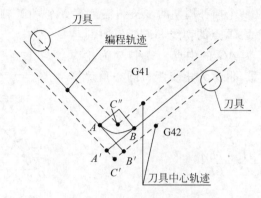

图 1-21 刀具中心的偏移

用 G40 表示。

加工中心和数控车床在换刀后还需考虑刀具长度补偿。因此刀具补偿有刀具半径补偿和刀具长度补偿两部分计算。刀具长度补偿计算较简单,下面重点讨论刀具半径补偿。

在零件轮廓加工过程中,刀具半径补偿的执行过程分为以下三步。

(1) 刀具补偿建立。指刀具从起点出发沿直线接近加工零件,依据 G41 或 G42 使刀具中心在原来的编程轨迹的基础上伸长或缩短一个刀具半径值,即刀具中心从与编程轨迹重合过渡到与编程轨迹偏离一个刀具半径值,如图 1-22 所示。

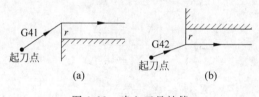

图 1-22 建立刀具补偿

(2) 刀具补偿进行。刀具补偿指令是模态指令,一旦刀具补偿建立后一直有效,直至刀具补偿撤销。在刀具补偿进行期间,刀具中心轨迹始终偏离编程轨迹一个刀具半径值的距离。在轨迹转接处,采用圆弧过度或直线过度。

(3) 刀具补偿撤销。指刀具撤离工件,回到起刀点。与刀具补偿建立时相似,刀具中心轨迹从与编程轨迹相距一个刀具半径值过渡到与编程轨迹重合。刀具补偿撤销用 G40 指令。

刀具半径补偿仅在指定的 2D 坐标平面内进行。该平面由 G 指令代码 G17(XY 平面)、G18(XZ 平面)、G19(YZ 平面)确定。刀具半径值则由刀具号 $H(D)$ 确定。

2. B 功能刀具半径补偿计算

B 功能刀具半径补偿计算:根据零件尺寸和刀具半径值计算直线或圆弧的起点和终点的刀具中心值,以及圆弧刀补后刀具中心轨迹的圆弧半径值。

B 功能刀具半径补偿方法的缺点有两点。第一,在外轮廓尖角加工时,由于轮廓尖角处,始终处于切削状态,尖角的加工工艺性差。第二,在内轮廓尖角加工时,由于 C'' 点不易求得(受计算能力的限制),编程人员必须在零件轮廓中插入一个半径大于刀具半径的圆弧,这样才能避免产生过切。

1）直线刀具半径补偿计算

如图 1-23 所示，被加工的直线段 OE 起点在坐标原点，终点 E 的坐标为 (X,Y)。设刀具半径为 r，刀具偏移后 E 点移动到了 E' 点。E 点刀具半径矢量分量 r_X、r_Y 为

$$r_X = \frac{r_Y}{\sqrt{X^2 + Y^2}}$$

$$r_Y = -\frac{r_X}{\sqrt{X^2 + Y^2}}$$

E' 点的坐标 (X',Y') 为

$$X' = X + r_X = X + \frac{r}{\sqrt{X^2 + Y^2}}$$

$$Y' = Y + r_Y = Y - \frac{r_X}{\sqrt{X^2 + Y^2}}$$

2）圆弧刀具半径补偿计算

如图 1-24 所示被加工圆弧 AE，半径为 R，圆心在坐标原点，起点 A' 为上一个程序段终点的刀具中心点，可求出 E 点刀具半径矢量分量 r_X、r_Y 为

$$r_X = r\frac{X_e}{R}$$

$$r_Y = r\frac{Y_e}{R}$$

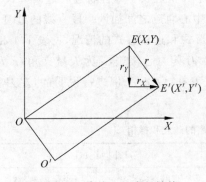

图 1-23　直线刀具半径补偿

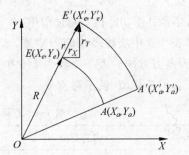

图 1-24　圆弧刀具半径补偿

E' 点的坐标为

$$X'_e = X_e + r_X = X_e + r\frac{X_e}{R}$$

$$Y'_e = Y_e + r_Y = Y_e + r\frac{Y_e}{R}$$

3. C 功能刀具半径补偿计算

1）C 功能刀具半径补偿的基本思想

C 功能刀补可以处理两程序段间转接（即尖角过渡）的各种情况。先前数控装置计算速度和存储量不够，无法计算刀具中心轨迹的转接交点。现代 CNC 装置由数控系统根据和实际轮廓完全一样的编程轨迹，直接算出刀具中心轨迹的转接交点，然后再对原来编程轨迹作伸长或缩短的修正。这种方法称为 C 功能刀具半径补偿（简称为 C 刀具补偿）。

2) C 功能刀具半径补偿的转接形式和过渡方式

在一般的 CNC 装置中,均有圆弧和直线插补两种功能。而 C 功能刀补的主要特点就是采用直线过渡。由于采用直线过渡,实际加工过程中,随着前后两编程轨迹的连接方法的不同,相应的加工轨迹也会产生 4 种不同的转接情况:直线与直线、直线与圆弧、圆弧与直线、圆弧与圆弧。

轨迹过渡时矢量夹角 α 的定义:两编程轨迹在交点处非加工侧的夹角 α,如图 1-25 所示。

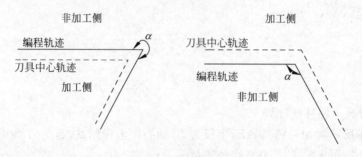

图 1-25　矢量夹角 α

根据两段程序轨迹的矢量夹角 α 和刀补方向的不同,有以下几种转接过渡方式。

(1) 缩短型。矢量夹角 α≥180°,刀具中心轨迹短于编程轨迹的过渡方式。

(2) 伸长型。矢量夹角 90°≤α<180°,刀具中心轨迹长于编程轨迹的过渡方式。

(3) 插入型。矢量夹角 α<90°,在两段刀具中心轨迹之间插入一段直线的过渡方式。

刀具半径补偿功能在实施过程中,各种转接形式和过渡方式的情况,见表 1-4 和表 1-5。表 1-4 和表 1-5 中实线表示编程轨迹,虚线表示刀具中心轨迹,α 为矢量夹角,r 为刀具半径,箭头为走刀方向。表 1-4 和表 1-5 中是以右刀补(G42)为例进行说明的,左刀补(G41)的情况于右刀补相似,就不再重复。

表 1-4　刀具半径补偿的建立和撤销

转接形式 矢量夹角	刀补建立(G42)		刀补撤销(G40)		过渡方式
	直线——直线	直线——圆弧	直线——直线	圆弧——直线	
α≥180°					缩短型
90°≤α<180°					伸长型
α<90°					插入型

表 1-5　刀具半径补偿的进行过程

转接形式 矢量夹角	刀补进行(G42)				过渡 方式
	直线----直线	直线----圆弧	圆弧----直线	圆弧----圆弧	
$\alpha \geqslant 180°$					缩短型
$90° \leqslant \alpha < 180°$					伸长型
$\alpha < 90°$					插入型

四、进给速度控制

在高速运动阶段,为了保证机床在启动或停止时不产生冲击、失步、超程或振荡,数控系统需要对机床的进给速度进行加减速控制;在加工过程中,为了保证加工质量,在进给速度发生突变时必须对送到进给电动机的脉冲频率或电压进行加减速控制。在启动或速度突然升高时,应保证在伺服电动机上的进给脉冲频率或电压逐渐增大;当速度突然降低时,应保证在伺服电动机上的进给脉冲频率或电压逐渐减小。

由于脉冲增量插补和数据采样插补的计算方法不同,其进给速度控制方法也有所不同。

1) 脉冲增量插补算法的进给速度控制

脉冲增量插补的输出形式是脉冲,其频率与进给速度成正比。因此可通过控制插补运算的频率来控制进给速度。常用的方法有软件延时法和中断控制法。

(1) 软件延时法。根据编程进给速度,可以求出要求的进给脉冲频率,从而得到两次插补运算之间的时间间隔 t,它必须大于 CPU 执行插补程序的时间 $t_程$,t 与 $t_程$ 之差即为应调节的时间 $t_延$,可以编写一个延时子程序来改变进给速度。

例:设某数控装置的脉冲当量 $\delta = 0.01$mm,插补程序运行时间 $t_程 = 0.1$ms,若编程进给速度 $F = 300$mm/min,求调节时间 $t_延$。

解:由 $v = 60\delta f$ 得

$$f = \frac{v}{60\delta} = \left(\frac{300}{60 \times 0.01}\right) \text{Hz} = 500\text{Hz}$$

则插补时间间隔

$$t = \frac{1}{f} = 0.002\text{s} = 2\text{ms}$$

调节时间

$$t_{延} = t - t_{程} = (2 - 0.1)\text{ms} = 1.9\text{ms}$$

用软件编写一程序实现上述延时,即可达到控制进给速度的目的。

(2) 中断控制法。由进给速度计算出定时器/计数器(CTC)的定时时间常数,以控制 CPU 中断。定时器每申请一次中断,CPU 执行一次中断服务程序,并在中断服务程序中完成一次插补运算并发出进给脉冲。如此连续进行,直至插补完毕。

这种方法使得 CPU 可以在两个进给脉冲时间间隔内做其他工作,如输入、译码、显示等。进给脉冲频率由定时器时间常数决定。时间常数的大小决定了插补运算的频率,也决定了进给脉冲的输出频率。该方法速度控制比较精确,控制速度不会因为不同计算机主频的不同而改变,所以在很多数控系统中被广泛采用。

2) 数据采样插补算法的进给速度控制

数据采样插补根据编程进给速度计算出一个插补周期内合成速度方向上的进给量。

$$f_s = \frac{FTK}{60 \times 1\,000}$$

式中:f_s——系统在稳定进给状态下的插补进给量,称为稳定速度,mm/min;

F——编程进给速度,mm/min;

T——插补周期,ms;

K——速度系数,包括快速倍率、切削进给倍率等。

为了调速方便,设置了速度系数 K 来反映速度倍率的调节范围,通常 K 取 0~200%,当中断服务程序扫描到面板上倍率开关的状态时,给 K 设置相应参数,从而对数控装置面板手动速度调节作出正确响应。

五、典型的 CNC 系统简介

数控系统是数控机床的核心,数控机床根据功能和性能要求,配置不同的数控系统。系统不同,其指令代码也有差别,因此,编程时应按所使用数控系统代码的编程规则进行编程。FANUC(日本)、SIEMENS(德国)、FAGOR(西班牙)、HEIDENHAIN(德国)、MITSUBISHI(日本)等公司的数控系统及相关产品,在数控机床行业占据主导地位;我国数控产品以华中数控、航天数控为代表,也已将高性能数控系统产业化。

1. FANUC 数控系统

FANUC 数控系统以其高质量、低成本、高性能、功能全,适用于各种机床和生产机械等特点,市场的占有率远远超过其他的数控系统。

1) FANUC 数控系统 6

FANUC 系统 6 具备一般功能和部分高级功能的中档 CNC 系统,该系统使用了大容量磁泡存储器,专用于大规模集成电路,元件总数减少了 30%。还备有用户自己制作的特有变量型子程序的用户宏程序。

2) FANUC 数控系统 3 和数控系统 9

FANUC 公司在系统 6 的基础上同时向低档和高档两个方向发展,研制了系统 3 和系统 9。系统 3 是在系统 6 的基础上简化而形成的,体积小,成本低,容易组成机电一体化系统,适用于小型、廉价的机床。系统 9 是在系统 6 的基础上强化而形成的具备高级性能的可变软件型 CNC 系统。通过变换软件可适应任何不同用途,尤其适合于加工复杂而昂贵的航空部件、要求高度可靠的多轴联动重型数控机床。

3) FANUC 数控系统 10、11、12

数控系统 10、系统 11 和系统 12 系列产品在硬件方面做了较大改进,凡是能够集成的都做成大规模集成电路,其中包含了 8000 个门电路的专用大规模集成电路芯片有 3 种,其引出脚竟多达 179 个,另外的专用大规模集成电路芯片有 4 种,厚膜电路芯片 22 种;还有 32 位的高速处理器、4Mbps 的磁泡存储器等,元件数比前期同类产品又减少了 30%。由于该系列采用了光导纤维技术,使过去在数控装置与机床以及控制面板之间的几百根电缆大幅度减少,提高了抗干扰性和可靠性。该系统在 DNC 方面能够实现主计算机与机床、工作台、机械手、搬运车等之间的各类数据的双向传送。它的 PLC 装置使用了独特的无触点、无极性输出和大电流、高电压输出电路,能促使强电柜的半导体化。此外 PLC 的编程不仅可以使用梯形图语言,还可以使用 PASCAL 语言,便于用户自己开发软件。数控系统 10、11、12 还充实了专用宏功能、自动计划功能、自动刀具补偿功能、刀具寿命管理、彩色图形显示 CRT 等。

4) FANUC 数控系统 0

FANUC 数控系统 0 系列的目标是体积小、价格低,适用于机电一体化的小型机床,因此它与适用于中、大型的系统 10、11、12 一起组成了这一时期的全新系列产品。在硬件组成以最少的元件数量发挥最高的效能为宗旨,采用了最新型高速高集成度处理器,共有专用大规模集成电路芯片 6 种,其中 4 种为低功耗 CMOS 专用大规模集成电路,专用的厚膜电路 3 种。三轴控制系统的主控制电路包括输入输出接口、PMC(Programmable Machine Control)和 CRT 电路等都在一块大型印制电路板上,与操作面板 CRT 组成一体。系统 0 的主要特点有彩色图形显示、会话菜单式编程、专用宏功能、多种语言(汉、德、法)显示、目录返回功能等。FANUC 公司推出数控系统 0 以来,得到了各国用户的高度评价,成为世界范围内用户最多的数控系统之一。

5) FANUC 数控系统 15

1987 年,FANUC 公司成功研制出数控系统 15,被称之为划时代的人工智能型数控系统,它应用了 MMC(Man Machine Control)、CNC、PMC 的新概念。系统 15 采用了高速度、高精度、高效率加工的数字伺服单元,数字主轴单元和纯电子式绝对位置检出器,还增加了 MAP(Manufacturing Automatic Protocol)、窗口功能等。

FANUC 公司目前生产的数控装置有 F0、F10/F11/F12、F15、F16、F18 系列。F00/F100/F110/F120/F150 系列是在 F0/F10/F12/F15 的基础上加了 MMC 功能,即 CNC、PMC、MMC 三位一体的 CNC。

2. SIEMENS 数控系统

SIEMENS 数控系统以较好的稳定性和较优的性价比,在我国数控机床行业中广泛应用。SIEMENS 数控系统的产品类型,主要包括 SINUMERIK802、SINUMERIK810、SINUMERIK840 等系列。

1) SINUMERIK 802S/C 系列

用于车床、铣床等,可控制 3 个进给轴和 1 个旋转轴。802S 适用于步进电动机驱动;802C 适用于伺服电动机驱动,具有数字 I/O 接口。

2）SINUMERIK 802D 系列

能控制 4 个进给轴和 1 个旋转轴，PLC I/O 模块，具有图形式循环编程，车削、铣削/钻削工艺循环，FRAME（包括移动、旋转和缩放）等功能，为复杂加工任务提供智能控制。

3）SINUMERIK 810D 系列

用于数字闭环驱动控制，最多可控制 6 轴，紧凑型，可编程 I/O 模块。

4）SINUMERIK 840D 系列

全数字模块化数控设计，用于复杂机床、模块化旋转加工机床和传送机床，最大可控 31个坐标。

3. 华中数控系统

华中数控系统是基于通用 PC 的数控装置，是武汉华中数控股份有限公司的产品，是国家"八五"、"九五"科技攻关的重大科技成果。华中数控系统发展为三大系列：世纪星系列、小博士系列、华中 I 系列。华中 I 系列为高档高性能数控装置，世纪星系列、小博士系列为高性能经济型数控装置。世纪星系列采用通用嵌入式工业 PC 机，彩色 LCD 液晶显示器，内置式 PLC，可与多种伺服驱动单元配套使用；小博士系列为外配通用 PC 机的经济型数控装置，具有开放性好、结构紧凑、集成度高、可靠性好、性价比高、操作维护方便等特点。

华中"世纪星"数控系列是在华中 I 型、华中 2000 系列数控系统的基础上，以满足用户对低价格、高性能经济型数控系统的要求而开发的。"世纪星"系列数控单元采用开放式体系结构，内置嵌入式工业 PC，配置 8.4 英寸或 10.4 英寸彩色 TFT 液晶显示屏和通用工程面板，集成进给轴接口、主轴接口、手持单元接口、内嵌式 PLC 接口于一体，采用电子盘程序存储方式以及 USB、DNC、以太网等程序交换功能，具有低价格、高性能、配置灵活、结构紧凑、易于使用、可靠性高等特点。主要应用于车、铣、加工中心等各类数控机床的控制。

任务三　数控机床的伺服系统

一、概述

伺服系统是指以机械位置或角度作为控制对象的自动控制系统。数控机床的伺服系统通常是指各坐标轴的进给伺服系统。它是数控系统和机床机械传动部件间的连接环节，它把数控系统插补运算生成的位置指令精确地变换为机床移动部件的位置，直接反映了机床坐标轴跟踪运动指令和实际定位的性能。伺服系统的高性能在很大程度上决定了数控机床的高效率、高精度，是数控机床的重要组成部分，它包含了机械传动、电气驱动、检测、自动控制等方面的内容，涉及强电与弱电控制。

从控制角度看，伺服系统有开环、半闭环和闭环之分。分别介绍如下。

1. 开环伺服系统

开环伺服系统不需要位置检测与反馈，其驱动电动机主要是步进电动机，如图 1-26 所示。电动机转过的角度正比于指令脉冲的个数，运动的速度由进给脉冲的频率来决定。

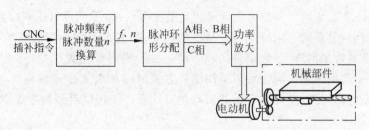

图 1-26　开环伺服系统

开环伺服系统的结构简单,运行平稳,易于控制,价格低廉,使用和维修简单。但精度不高,低速不稳定,高速扭距小。它一般应用于经济型数控机床及普通机床中。

2. 半闭环伺服系统

半闭环系统伺服系统的位置检测装置一般安装在电动机的主轴上或滚珠丝杠轴端,通过测量角位移间接地测量出移动部件的直线位移,然后反馈到数控系统中,与系统中的位置指令值进行比较,用比较后的差值控制移动部件移动,直到差值消除时才停止移动,其组成如图 1-27 所示。

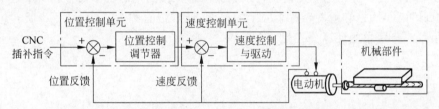

图 1-27　半闭环伺服系统

由于半闭环伺服系统中,进给传动链的滚珠丝杠螺母副、导轨副的误差不全包括在位置反馈中,所以传动机构的误差仍然会影响到移动部件的位置的精度。但由于反馈过程中不稳定因素的减少,系统容易达到较高的位置增益,不发生振荡现象,它的快速性好,动态精度高,目前应用比较广泛。至于传动链误差,如反向间隙、丝杠螺距累计误差可通过数控系统的参数设置来进行补偿,以提高机床的定位的精度。

3. 闭环伺服系统

闭环伺服系统的位置检测装置直接安装在机床移动部件上。如工作台上装直线位置检测装置,将检测到实际位置反馈到数控系统中,如图 1-28 所示。

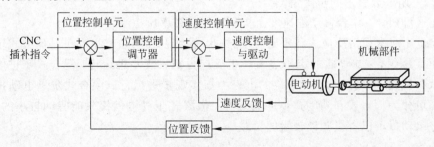

图 1-28　闭环伺服系统

　　由于闭环伺服系统的位置检测包含了传动链全部误差,因此可以达到很高的控制精度。但不能认为闭环伺服系统可以降低对传动机构的要求,它的许多因素会影响系统的动态特性,给调试和稳定带来困难,导致调整闭环环路时必须要降低位置增益,这又会对跟随误差与轮廓加工误差产生不利影响。所以采用闭环方式时必须增大机床的刚性,改善滑动面的摩擦特性,减小传动间隙,这样才有可能提高位置增益。闭环伺服系统主要应用于精度要求高的大型数控机床上。

二、常用驱动元件

　　驱动电动机是数控机床伺服系统的执行元件。用于驱动数控机床各坐标轴进给运动的称为进给电动机;用于驱动机床主运动的称为主轴电动机。开环伺服系统主要采用步进电动机(简称步进电机)。伺服电动机通常用于闭环或半闭环伺服系统中。伺服电动机又分为直流伺服电动机和交流伺服电动机。

1. 步进电动机

　　步进电动机是一种将电脉冲信号转换成机械角位移的电磁机械装置。对步进电动机施加一个电脉冲信号时,它就旋转一个固定的角度,通常把它称为一步,每一步所转过的角度称为步距角。步距角的计算公式为

$$\alpha = \frac{360°}{mzk}$$

式中：α——步距角;

　　　z_2——转子齿数;

　　　m——定子的相数;

　　　k——拍数与相数的比例系数。

　　每一个步距角对应工作台一个位移值,这个位移值称为脉冲当量,因此,只要控制指令脉冲的数量即可控制工作台移动的位移量。

　　步距角越小,它所达到的位置精度越高,因此实际使用的步进电动机一般都有较小的步距角,步进电动机的转速公式为

$$n = \frac{\theta}{360°} \times 60f = \frac{\theta f}{6}$$

式中：n——转速,r/min;

　　　f——控制脉冲频率,即每秒输入步进电动机的脉冲数;

　　　θ——用度数表示的步距角。

　　由上式可知:工作台移动的速度由指令脉冲的频率所控制。

　　数控机床通常采用反应式和永磁反应式(也称为混合式)步进电动机。反应式步进电动机的转子无绕组,由被励磁的定子绕组产生反应力矩实现步进运行;混合式步进电动机的转子用永久磁钢,由励磁和永磁产生的电磁力矩实现步进运行。混合式步进电动机按输出力矩大小可分为伺服式和功率式步进电动机。伺服式步进电动机只能驱动较小的负载,功率式步进电动机可以直接驱动较大的负载。

2. 直流伺服电动机

　　常用的直流电动机有：永磁式直流电动机、励磁式直流电动机、混合式直流电动机、无

刷直流电动机等。直流电动机包括三个部分：固定的磁极、电枢和换向器，如图 1-29 所示。

直流电动机的工作原理如图 1-30 所示，当将直流电压加到 A、B 两电刷间，载流导体 ab 在磁场中受到的力按左手定则指向顺时针方向，载流导体 cd 受到的力也是顺时针方向的，转子在电磁转矩的作用下顺时针方向旋转起来。当电枢恰好转过 $90°$ 时，电磁转矩为零，但由于惯性的作用，电枢将继续转动。当电刷与换向片再次接触时，导体 ab 和 cd 交换了位置。因此导体 ab 和 cd 中的电流方向改变，保证了电枢连续地转动。

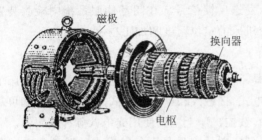

图 1-29　直流电动机

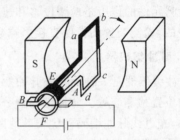

图 1-30　直流电动机工作原理

3. 交流伺服电动机

交流伺服电动机分为异步型交流伺服电动机和同步型交流伺服电动机。异步型交流伺服电动机指的是交流感应电动机，它有三相和单相之分，也有鼠笼式和线绕式之分，通常多用鼠笼式三相感应电动机。同步型交流伺服电动机虽较感应电动机复杂，但比直流电动机简单。它的定子与感应电动机一样，但转子不同，按不同的转子结构又分电磁式及非电磁式两大类。非电磁式又分磁滞式、永磁式和反应式等。数控机床中多采用永磁式同步电动机。

永磁交流伺服电动机属于同步型交流电动机，具有响应快、控制简单的特点，因而被广泛应用于数控机床中。永磁交流伺服电动机主要由三部分组成：定子、转子和检测元件（转子位置传感器和测速发电机），如图 1-31 和图 1-32 所示，其中定子有齿槽，内装三相对称绕组，形状与普通异步电动机的定子相同。但其外圆多呈多边形，且无外壳，以利于散热，避免电动机发热对机床精度的影响。

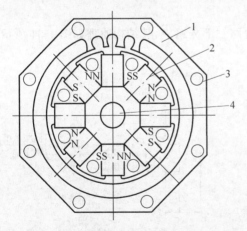

图 1-31　永磁交流伺服电动机横切面

1—定子　2—永久磁体　3—转向通风孔　4—转轴

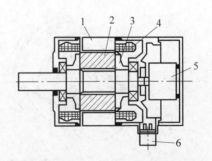

图 1-32　永磁交流伺服电动机纵切面

1—定子　2—转子　3—压板　4—定子三相绕组

5—脉冲解码器　6—出线盒

三、伺服系统中的检测元件

检测元件是 CNC 系统的重要组成部分。其主要作用是把检测到的位移和速度测量信号作为反馈信号,并将反馈信号转换成数字信号送回计算机,与数控装置发出的脉冲指令信号进行比较,若有偏差,经放大后控制驱动和执行部件,使其向消除偏差的方向运动,直到偏差为零。

检测元件的作用是检测位移和速度,发送反馈信号。在闭环伺服系统中检测装置是必不可少的,检测装置的精度直接影响数控机床的定位精度和加工精度。

1. 脉冲编码器

脉冲编码器是一种旋转式脉冲发生器,能把机械转角转变成电脉冲,是数控机床上使用广泛的位置检测装置。脉冲编码器分光电式、接触式和电磁感应式三种,从精度和可靠性方面来看,光电式脉冲编码器优于其他两种,数控机床上主要使用光电式脉冲编码器。

增量式脉冲编码器是一种增量检测装置,它的型号是由每转发出的脉冲数来区分。在增量式编码器的码盘边缘等间隔的制出 n 个透光槽,发光二极管发出的光透过槽孔被光电管所接受,当码盘转过 $1/n$ 圈时,光电管即发出一个数字脉冲,计数器对脉冲的个数进行加减增量计数,从而判断码盘转动的相对角度。在码盘上还需设置一个相对基准点,以得到码盘的相对位置。增量式编码器除了可以测量角度位移外,还可以通过测量光电脉冲的频率,转而用来测量转速。数控机床上常用的脉冲编码器有:2000P/r、2500P/r 和 3000P/r 等。增量式光电编码器结构如图 1-33 所示。

2. 磁尺

磁尺又称为磁栅,也是一种电磁监测装置。它利用磁记录原理,将一定波长的矩形波或正弦波信号用记录磁头记录在磁性标尺的笔墨上,作为测量基准。检测时,磁头将磁性标尺上的此信号转化为电信号,并通过监测电路将磁头相对于磁性标尺的位置或位移量用数字显示出来,或转化为控制信号输入给数控机床。磁尺具有精度高、复制简单以及安装调整方便等优点,而且在油污、灰尘较多的工作环境使用时,仍具有较高的稳定性。它作为监测元件可用在数控机床和其他测量机上。

磁尺一般由磁性标尺、拾磁磁头以及监测电路三部分组成,其结构原理如图 1-34 所示。

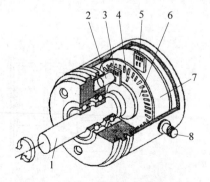
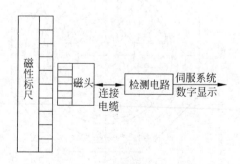

图 1-33　增量式光电编码器结构　　　　　图 1-34　磁尺结构与原理图

1—转轴　2—发光二极管　3—光栏板　4—零标志　5—光敏元件

6—光电码盘　7—印制电路板　8—电源及信号连接座

磁性标尺由磁性标尺基体和磁性膜两部分组成。磁性标尺的基体材料由不导磁材料（如玻璃、铜、铝或其他合金材料）组成。磁性膜是化学涂敷、化学沉积或电镀在磁性标尺基体上的一层厚 $10\sim20\mu m$ 的磁性材料，该磁性材料均匀分布在磁性标尺的基体上，且呈膜状，故称为磁性膜。磁性膜上有用录磁方法录制的波长为 λ 的磁波。对于长磁性标尺来说，其磁性膜上的磁波波长一般取 0.05mm、0.1mm、0.2mm、1mm 等几种；对于圆磁性标尺，等分圆周录制的磁波波长不一定是整数值。在实际应用中，为防止磁头对磁性膜的磨损，一般在磁性膜上均匀地涂一层厚 $1\sim2\mu m$ 的耐磨塑料保护层，以提高磁性标尺的寿命。按磁性标尺基体的形状，磁栅可分为实体式、磁尺、带状磁尺、线状磁尺和回转形磁尺。前三种磁栅用于直线位移测量，后一种用于角位移测量。

3. 感应同步器

感应同步器是一种电磁式位置检测元件，按其结构特点一般分为直线式和旋转式两种。直线式感应同步器由定尺和滑尺组成，旋转式感应同步器由转子和定子组成。测量直线位移的称为直线式感应同步器，也称为长感应同步器；测量转角位移的称为旋转式感应同步器，也称为圆感应同步器。它们的工作原理都与旋转变压器相似。感应同步器具有检测精度高、抗干扰性强、寿命长、维护方便、成本低、工艺性好等优点，广泛应用于数控机床及各类机床数控改造。

直线式感应同步器由定尺和滑尺组成，旋转式感应同步器由转子和定子组成，直线式感应同步器的结构如图 1-35 所示，这两类同步感应器采用同一种工艺方法制造。一般情况下，首先用绝缘粘贴剂把铜箔粘牢在金属（或玻璃）基板上，然后按设计要求腐蚀成不同曲折性状的平面绕组。这种绕组称为印制电路绕组。定尺和滑尺、转子和定子上的绕组分布是不相同的。在定尺和转子上的是连续绕组，在滑尺和定子上的则是分段绕组。分段绕组分为两组，布置成在空间相差 90°相角，又称为正、余弦绕组。感应同步器的分段绕组和连续绕组相当于变压器的一次侧和二次侧线圈，利用交变电磁场和互感原理工作。

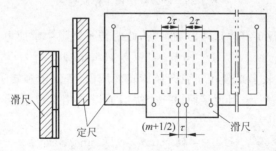

图 1-35　直线式感应同步器

4. 旋转变压器

旋转变压器是一种常用的角位移检测元件，由于它结构简单，工作可靠，对环境要求低，信号输出幅度大，抗干扰能力强，且其精度能满足一般的检测要求，因此被广泛应用在数控机床上。

旋转变压器是一种测量角度用的小型交流电动机，由定子和转子组成。其中定子绕组作为变压器的一次侧，接收励磁电压，励磁频率通常用 400Hz、500Hz、3000Hz 及 5000Hz。

转子绕组作为变压器的二次侧，通过电磁耦合得到感应电压。旋转变压器的工作原理与普通变压器基本相似，区别在于普通变压器的原边、副边绕组是相对固定的，所以输出电压和输入电压之比是常数，而旋转变压器的原边、副边绕组则随转子的角度位移发生相对位置的改变而变化，因而其输出电压的大小也随之变化。

旋转变压器分为单极型和多极型。对于单极工作情况，如图 1-36 所示，单极型旋转变压器的定子和转子各有一对磁极，假设加到定子绕组的励磁电压为 $U=U_m\sin\omega t$，产生的磁通为 ϕ_1 则转子通过电磁耦合产生磁通 ϕ_2，转子线圈中产生感应电压 U_2。当转子转到使它的绕组磁轴和定子绕组磁轴垂直时，转子组感应电压 $U_2=0$，当转子绕组的磁轴自垂直位置转过一定角度 θ 时，转子绕组中产生的感应电压为

$$U_2 = kU_1\sin\theta = kU_m\sin\omega t\sin\theta$$

式中：k——旋转变压器的两个绕组的匝数比，$k=N_1/N_2$；

　　　　N_1、N_2——定子和转子绕组匝数；

　　　　U_m——最大瞬时电压；

　　　　θ——两绕组轴线间的夹角。

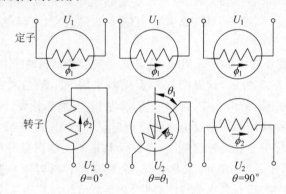

图 1-36　旋转变压器工作原理图

当转子转过 90°（即 $\theta=90°$），两磁轴平行，此时转子绕组中感应电压最大，即

$$U_2 = kU_1\sin\theta = kU_m\sin\omega t$$

实际使用时，往往较多地使用正弦余弦旋转变压器，其定子和转子各有互相垂直的两个绕组。若将定子中的一个绕组短接而另一个绕组通以单相交流电压，则在转子的两个绕组中得到的输出感应电压为

$$U_{2\cos} = kU_1\cos\theta = kU_m\sin\omega t\cos\theta$$

$$U_{2\sin} = kU_1\sin\theta = kU_m\sin\omega t\sin\theta$$

由于两个绕组中的感应电压是关于转子转角的正弦余弦函数，所以称之为正弦余弦旋转变压器。

5. 光栅

在高精度的数控机床上，目前大量使用光栅作为反馈检测元件。光栅与前面讲的旋转变压器、感应同步器不同，它不是依靠电磁学原理进行工作的，不需要励磁电压，而是利用光学原理进行工作，因而不需要复杂的电子系统。光栅作为光电检测装置，有物理光栅和计量光栅之分，在数字检测系统中，通常使用计量光栅进行高精度位移的检测，尤其是在闭环伺

服系统中。光栅的检测精度较高,可达 $1\mu m$ 以上。

常见的光栅按光线走向的不同可分为透射式和反射式光栅;按形状的不同可分为圆光栅和长光栅。圆光栅用于角位移的检测,长光栅用于直线位移的检测。

光栅是利用光的透射、衍射现象制成的光电检测元件,它主要由标尺光栅和光栅读数头两部分组成。通常,标尺光栅固定在机床的活动部件上(如工作或丝杠),在光栅读数头安装在机床的固定部件上(如机床底座),两者随着工作的移动而相对移动。在光栅读数头中,安装着一个指示光栅,当光栅读数头相对于标尺光栅移动时,指示光栅便在标尺光栅上移动。当安装光栅时,要严格保证标尺光栅和指示光栅的平行度以及两者之间的间隙(一般 0.05mm 或 0.1mm)要求。

光栅尺是利用光的干涉和衍射原理制作而成的传感器,它包括标尺光栅和指示光栅。对于长光栅,这些线纹相互平行,各线纹之间距离相等,此距离称为栅距。对于圆光栅,这些线纹是等栅距角的向心条纹栅距和栅距角是决定光栅光学性质的基本参数。常见的长光栅的线纹密度为 25 条/mm、50 条/mm、100 条/mm、125 条/mm、250 条/mm。对于圆光栅,若直径为 70mm,则一周内刻线 100~768 条;若直径为 110m,则一周内刻线达 600~1024 条,甚至更高。同一个光栅元件,其标尺光栅和指示光栅的线纹密度必须相同。

光栅读数头是由光源、透镜、指示光栅、光敏元件和驱动线路组成,如图 1-37 所示。

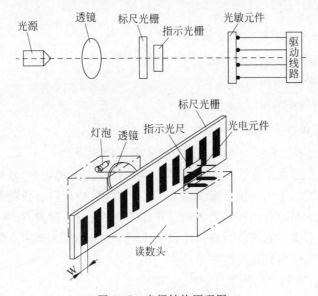

图 1-37　光栅结构原理图

读数头的光源一般采用白炽灯泡。白炽灯泡发出的辐射光线,经过透镜后变成平行光束,照射在光栅尺上。光敏元件是一种将光强信号转换为电信号的光电转换元件,它接收透过光栅尺的光强信号,并将其转换成与之成比例的电压信号。由于光敏元件产生的电压信号一般比较微弱,在长距离传递时很容易被各种干扰信号所淹没、覆盖,造成传送失真。为了保证光敏元件输出的信号在传送中不失真,应首先将该电压信号进行功率和电压放大,然后再进行传送。驱动线路就是实现对光敏元件输出信号进行功率和电压放大的线路。

任务四　数控机床的结构

一、数控机床的主传动装置

数控机床的主传动系统包括主轴电动机、传动系统和主轴组件等。与普通机床的主传动系统相比,数控机床在结构上比较简单,这是因为变速功能全部或大部分由主轴电动机的无级调速来承担,省去了复杂的齿轮变速机构,有些只有二级或者三级齿轮变速系统用以扩大电动机无级调速的范围。

数控机床主传动系统是机床成形运动之一,用来实现机床的主运动,它将主电动机的原动力变成可供主轴上刀具切削加工的切削力矩和切削速度。它的精度决定了零件的加工精度。为适应各种不同的加工及各种不同的加工方法,数控机床的主传动系统应具有较大的调速范围、较高的精度与刚度,并尽可能降低噪声与热变形,从而获得最佳的生产率、加工精度和表面质量。数控机床的主传动运动是指生产切削的传动运动,它是通过主传动电动机拖动的。例如,数控机床上主轴带动工件的旋转运动,立式加工中心上主轴带动铣刀、镗刀和铰刀等的旋转运动。

1. 数控机床对主传动系统的要求

(1) 调速范围宽,并实现无级调速。

(2) 高精度与刚度,低噪声。

(3) 高抗振性,高热稳定性。

2. 数控机床主传动系统的特点

(1) 较高的主轴转速和较宽的调速范围并实现无级调速。

由于数控机床工艺范围宽,工艺能力强,为满足各种工况的切削,获得最合理的切削用量,从而保证加工精度、加工表面质量及较高的生产效率,必须具有较高的转速和较大的调速范围。特别是对于具有自动换刀装置的加工中心,为适应各种刀具、各种材料的加工,对主轴调速范围要求更高。它能使数控机床进行大功率切削和高速切削,实现高效率加工,比同类型普通机床主轴最高转速高出两倍左右。

(2) 较高的精度和较大的刚度。

为了尽可能提高生产率和提供高效率的强力切削,在数控加工过程中,零件最好经过一次装夹就完成全部或绝大部分切削加工,包括粗加工和精加工。在加工过程中机床是在程序控制下自动运行的,更需要主轴部件刚度和精度有较大余量,从而保证数控机床使用过程中的可靠性。

(3) 良好的抗振性和热稳定性。

数控机床加工时,由于断续切削,加工余量不均匀,运动部件不平衡及切削过程中的自振等原因引起冲击力和交变力,使主轴产生振动,影响加工精度和表面粗糙度,严重时甚至可能破坏刀具和主轴系统中的零件,使其无法工作。主轴系统的发热使其中的所有零部件产生热变形,降低传动效率,破坏零部件之间的相对位置精度和运动精度,从而造成加工误差。因此,主轴部件要有较高的固有频率、较好的动平衡,且要保持合适的配合间隙,并要进行循环润滑。

（4）为实现刀具的快速或自动装卸,数控机床主轴具有专有的刀具安装结构。比如主轴上设计有刀具自动装卸、主轴定向停止和主轴孔内切屑清除装置。

3. 数控机床主传动系统的传动方式

1）带传动

带传动是一种由无级变速主电动机经带传动直接带动主轴运转的主运动形式,这种变速方式可避免齿轮传动时引起的振动与噪声,提高主轴的运转精度。常用的传动元件为多联 V 带或同步齿形带。

多联 V 带又称为多楔带,多楔带按齿距分为三种规格：J 型齿距为 2.4mm,L 型齿距为 4.8mm,M 型齿距为 9.5mm。

同步齿形带根据齿形不同可分为梯形齿同步带和圆弧齿同步带,图 1-38 是这两种齿形带的纵向断面,其结构与材质和楔形带相似,但在齿面上覆盖了一层尼龙帆布,用以减小传动齿与带轮的啮合摩擦。

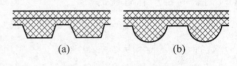

图 1-38　同步齿形带
(a)梯形齿；(b)圆弧齿

2）齿轮传动

齿轮传动是目前大、中型数控机床中使用较多的一种主传动配置方式。一般采用无级调速主电动机,可使主轴箱的结构大大简化,既可扩大主轴的调速范围,又可扩大主轴的输出转矩。滑移齿轮的运动多采用液压拨叉或直接由液压缸带动齿轮来实现。齿轮传动结构如图 1-39 所示。

3）主轴电动机直连传动

由调速电动机直接与主轴连接,驱动主轴转动,这种传动方式省去了很多机构,主轴箱体与主轴结构简单,且主轴刚度较高,但主轴输出转矩较小,只能用于小型机床,且主轴电动机产生的热量对主轴精度影响较大。内装式电动机主轴结构就是采用这种形式,如图 1-40 所示。

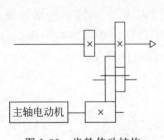

图 1-39　齿轮传动结构

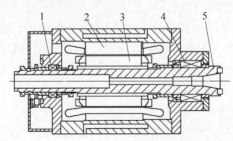

图 1-40　内装式电动机主轴
1、4—主轴支承　2—内装电动机定子　3—内装电动机转子　5—主轴

二、数控机床的进给传动装置

数控机床的进给传动系统常采用伺服进给系统,伺服进给系统的作用是根据数控系统传来的指令信息,进而放大以后控制执行部件的运动,不仅控制进给运动的速度,同时还要

精确控制刀具相对于工件的移动位置和轨迹。因此,数控机床进给系统,尤其是轮廓控制系统,必须对进给运动的位置和运动的速度两个方面同时实现自动控制。

　　一个典型的数控机床闭环控制进给系统,通常由位置比较、放大元件,驱动单元,机械传动装置和检测范围元件等部分组成,而其中的机械传动装置是控制环中的一个重要环节。这里所说的机械传动装置,是指将驱动源(即电动机)的旋转运动变为工作台或刀架直线运动的整个机械传动链,包括齿轮传动副、滚珠丝杠螺母副、减速装置和蜗杆蜗轮等中间传动机构。由于滚珠丝杠伺服电机机气控制单元性能的提高,很多数控机床的进给系统中已去掉减速机构而直接用伺服电动机与滚珠丝杠连接,因而整个系统结构简单,减少了产生误差的环节;同时,由于转动惯量减小,使伺服特性也有所改善。在整个进给系统中,除了上述部件外,还有一个重要的环节就是导轨。虽然从表面上看导轨似乎与进给系统不十分密切,实际上运动摩擦力及负载这两个参数在进给系统中占有重要地位。因此导轨的性能对进给系统的影响是不容忽视的。

1. 数控机床对进给传动系统的要求

　　数控机床进给传动系统承担了数控机床各直线坐标轴、回转坐标轴的定位和切削进给,进给系统的传动的传动精度、灵敏度和稳定性直接影响被加工件的最后轮廓精度和加工精度。为了保证数控机床进给传动系统的定位精度和动态性能,对数控机床进给传动系统的要求主要有如下几个方面。

　　1) 低惯量

　　由于进给传动系统经常需要启动、停止、变速或反向运动,若机械传动装置惯量大,就会增大负载并使系统动态性能变差。因此在满足强度与刚度的前提下,应尽可能减小运动部件的自重及各传动元件的直径和自重。

　　2) 低摩擦阻力

　　进给传动系统要求运动平稳,定位准确,快速响应特性好,必须减小运动件的摩擦阻力和摩擦系数与静摩擦系数之差。所以导轨必须采用具有较小摩擦系数和高耐磨性的滚动导轨、静压导轨和滑动导轨等。此外进给系统还普遍采用了滚珠丝杠副。

　　3) 高刚度

　　数控机床进给传动系统的高刚度主要取决于滚珠丝杠副(直线运动)或蜗轮蜗杆副(回旋运动)机器支承部件的刚度。刚度不足和摩擦阻力会导致工作台产生爬行现象及造成反向死区,影响传动准确性。缩短传动链、合理选择丝杠尺寸及对滚珠丝杠副和支承部件的预紧是提高传动刚度的有效途径。

　　4) 高谐振

　　为了提高进给的抗振性,应是机械构件具有较高的固有频率和合适的阻尼,一般要求进给传动系统的固有频率应高于伺服驱动系统的固有频率 2~3 倍。

　　5) 无传动间隙

　　为了提高位移精度,减小传动误差,对采用的各种机械部件首先要保证它们的加工精度,其次要尽量消除各种间隙,因为机械间隙是造成进给传动系统反向死区的另一主要原因。因此对传动链的各个环节,包括联轴器、齿轮传动副机器支承部件均应采用消除间隙的各种结构措施。但是采用预紧等各种措施后仍可能留有微量间隙,所有进给传动系统反向运动时仍需由装置发出脉冲指令进行自动补偿。

2. 数控机床进给传动系统的传动方式

1）滚珠丝杠螺母副传动

滚珠丝杠螺母副的结构特点是在具有螺旋槽的丝杠螺母间装有滚珠作为中间传动元件，以减少摩擦。其作用是将回转运动转换为直线运动。滚珠丝杠螺母副的特点是传动效率高，摩擦力小，寿命长，经预紧后可消除轴向间隙，且无反向空行程，但这种结构成本较高，且不能自锁，尺寸不能太大，常用于各类中小型数控机床的直线进给传动系统中。滚珠丝杠螺母副的结构如图 1-41 所示。

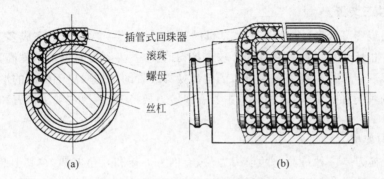

图 1-41　滚珠丝杠螺母副

2）齿轮传动副

使用齿轮传动副是为了使丝杠和工作台的惯量在系统中占较小的比重和实现低转速大转矩输出，但增加齿轮传动副会增大系统机械传动的噪声、增加传动环节、加大传动间隙、降低精度，还会使机械响应时间增大。

3. 数控机床进给传动导轨

导轨是进给传动系统的重要环节，机床加工精度和使用寿命很大程度上取决于机床导轨的质量。数控机床的导轨具有较高导向精度、良好的精度保持性和良好的摩擦特性，且运动平稳、灵敏度高、寿命长。常用的导轨有滑动导轨、滚动导轨和静压导轨。

1）滑动导轨

滑动导轨的摩擦系数很低。这种良好的摩擦特性能防止低速爬行，使机床运行平稳，以获得高的定位精度。

2）滚动导轨

滚动导轨主要由导轨体、滑块、滚珠、保持器、端盖等组成。滚动导轨在数控机床上得到普遍的应用。但是，滚动导轨的抗振性较差，结构复杂，对脏物较敏感，必须要有良好的防护措施。

3）静压导轨

静压导轨是在两个相对运动的导轨面间通入压力油，使运动件浮起。静压导轨较多地应用在大型、重型数控机床上。

三、数控机床的其他装置

1. 数控工作台

工作台是数控铣床、数控镗床、加工中心等数控设备不可缺少的重要附件（或部件）。数

控机床除了沿 X、Y 和 Z 三个坐标轴的直线进给运动之外，为扩大工艺的加工范围，往往还有绕 X、Y 和 Z 轴的圆周进给运动或分度运动。通常数控机床的圆周进给运动由回转工作台来实现。数控铣床的回转工作台除了用来进行各种圆弧加工或与直线进给联动进行曲面加工外，还可以实现精确的自动分度，这样可以很方便地完成箱体类零件的加工。工作台分为数控回转工作台、分度台两种。数控机床的分度工作台只能完成分度运动，而不能实现圆周进给运动。由于结构上的原因，通常分度工作台的分度运动只限于某些规定的角度（90°、60°、45°等）。

2. 自动换刀装置

自动换刀装置可帮助数控机床节省辅助时间，并满足在一次安装中完成多工序、工步加工要求。数控机床对自动换刀装置的要求有换刀时间短，刀具重复定位精度高，足够的刀具容量，体积小，稳定可靠。各类数控机床的自动换刀装置的结构取决于机床的形式、工艺范围以及刀具的种类和数量等，这种装置主要有回转刀架换刀、更换主轴头换刀和使用刀库换刀等形式。

1）回转刀架换刀

回转刀架换刀是一种最简单的换刀方法，有四方刀架和六角刀架，在其上装有 4 把或 6 把刀。其换刀过程分为刀架抬起、刀架转位、刀架压紧三个步骤，其结构如图 1-42 所示。

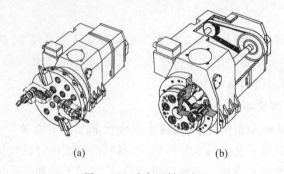

(a)　　　　　　　　　(b)

图 1-42　动力回转刀架

2）更换主轴头换刀

在带有旋转刀具的数控机床中，更换主轴头是一种简单的换刀方式，主轴头通常有卧式和立式两种，常用转塔的转位来更换主轴头，实现自动换刀。

3）使用刀库换刀

带刀库的自动换刀系统由刀库和刀具交换机构组成，如图 1-43 所示，目前它是多工序数控机床上应用最广泛的换刀方法。刀库可以装在机床的立柱上、轴向上或工作台上。当刀库容量大及刀具较重时，也可装在机床之外，作为一个独立部件。带刀库的自动换刀系统整个换刀过程比较复杂，首先要把加工过程主要用的全部刀具分别安装在标准的刀柄中。换刀时，根据选刀指令先在刀库中选刀，由刀具交换装置从刀库和主轴上取出刀具，进行刀具交换，将用过的刀具放回刀库将要用的刀具装入主轴。这种换刀方式和更换主轴换刀方式相比，由于主轴向内只有一根主轴，在结构上可以增强主轴的刚性，有利于精密加工和重切削加工。可采用大容量刀库，以实现复杂零件的多工序加工，从而提高了机床的适应性和加工效率。但换刀过程的动作多、时间较长。同时，影响换刀工作可靠性的因素比较多。为了缩短换刀时间,可采用带刀库的双主轴或多主轴换刀系统。

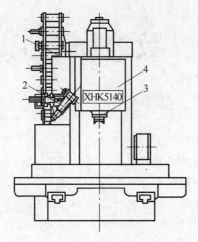

图 1-43　带刀库的自动换刀系统
1—刀库　2—机械手　3—主轴　4—主轴箱

思考与习题

1-1　什么是数控?它在机械制造领域的含义是什么?

1-2　数控机床由哪些部分组成?各有什么作用?

1-3　与普通机床相比,采用数控机床加工有哪些优点?

1-4　什么是开环、闭环、半闭环数控机床?它们之间有什么区别?

1-5　简述直接数字控制(DNC)的定义。

1-6　什么是柔性制造系统(FMS)?它的基本组成是什么?

1-7　何谓 CIMS 系统?

1-8　简述数控系统的硬件及软件组成。

1-9　简述 CNC 系统的常见功能。

1-10　FANUC 公司和 SIEMENS 公司有哪些产品系列?各有哪些功能?

1-11　什么叫插补?常用的插补方法有哪些?

1-12　什么是刀具半径补偿?它有什么作用?

1-13　位置检测元件用在什么类型数控机床的伺服系统中?对位置检测元件有哪些要求?

1-14　概要叙述直线光栅工作原理。

1-15　简述数控机床对进给传动系统的要求。

1-16　数控机床对主传动系统有哪些要求?

1-17　请写出图 1-44 所示直线的插补计算过程,并在图 1-44 中添加轨迹。

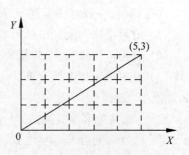

图 1-44　题 1-17 图

项目二　数控加工工艺设计

项目导读

数控机床的加工工艺与通用机床的加工工艺有许多相同之处,但在数控机床上加工零件比在通用机床上加工零件的工艺规程复杂得多。在数控加工前,要将机床的运动过程、零件的工艺过程、刀具的形状、切削用量和走刀路线等编入程序,这就要求程序设计人员具有多方面的知识基础。合格的程序员首先是一个合格的工艺人员,否则就无法做到全面周到地考虑零件加工的全过程,以及正确、合理地编制零件的加工程序。

本项目主要介绍数控加工工艺设计的主要内容、数控加工工艺设计方法及数控加工技术性文件等内容。

项目目标

1. 了解数控加工工艺分析的目的、内容和步骤。

2. 掌握数控加工工艺分析方法。

3. 了解工件定位的基本原理、常见定位方式与定位元件以及数控机床用夹具的种类和特点。

4. 熟悉、理解定位基准的选择原则与数控加工夹具的选择方法。

5. 掌握数控加工工序卡片的填写。

任务一　数控加工工艺设计的主要内容

一、数控加工工艺内容的选择

对于一个零件来说,并非全部加工工艺过程都适合在数控机床上完成,而往往只是其中的一部分工艺内容适合数控加工。这就需要对零件图样进行仔细的工艺分析,选择那些最适合、最需要进行数控加工的内容和工序。

在选择时,一般可按下列顺序进行考虑。

(1) 通用机床无法加工的内容应作为优先选择内容。

(2) 通用机床难加工、质量也难以保证的内容应作为重点选择内容。

(3) 通用机床加工效率低、工人手工操作劳动强度大的内容,可在数控机床尚存在富裕加工能力时选择。

此外,在选择和决定加工内容时,也要考虑生产批量、生产周期、工序间周转情况等。总之,要尽量做到合理,达到多、快、好、省的目的。要防止把数控机床降格为通用机床使用。

二、数控加工工艺性分析

被加工零件的数控加工工艺性问题涉及面很广,下面结合编程的可能性和方便性提出一些必须分析和审查的主要内容。

(1) 尺寸标注应符合数控加工的特点。

在数控编程中,所有点、线、面的尺寸和位置都是以编程原点为基准的。因此零件图样上最好直接给出坐标尺寸,或尽量以同一基准引注尺寸。

(2) 几何要素的条件应完整、准确。

在程序编制中,编程人员必须充分掌握构成零件轮廓的几何要素参数及各几何要素间的关系。因为在自动编程时要对零件轮廓的所有几何元素进行定义,手工编程时要计算出每个节点的坐标,无论哪一点不明确或不确定,编程都无法进行。

(3) 定位基准可靠。

在数控加工中,加工工序往往较集中,以同一基准定位十分重要。因此往往需要设置一些辅助基准,或在毛坯上增加一些工艺凸台。图 2-1(a)所示的零件,为增加定位的稳定性,可在底面增加一工艺凸台,如图 2-1(b)所示,在完成定位加工后再除去。

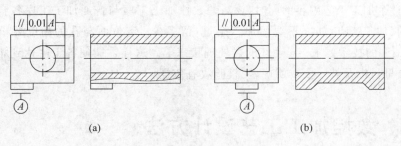

(a)   (b)

图 2-1 工艺凸台的应用

(a) 改进前的结构;(b) 改进后的结构

三、数控加工工艺路线的设计

数控加工工艺路线设计与通用机床加工工艺路线设计的主要区别在于它往往不是指从毛坯到成品的整个工艺过程,而仅是几道数控加工工序工艺过程的具体描述。因此在工艺路线设计中一定要注意到,由于数控加工工序一般都穿插于零件加工的整个工艺过程中,因而要与其他加工工艺衔接好。常见工艺流程如图 2-2 所示。

数控加工工艺路线设计中应注意以下几个问题。

1. 工序的划分

根据数控加工的特点,数控加工工序的划分一般可

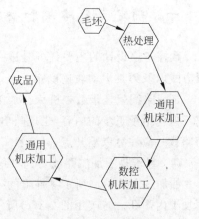

图 2-2 工艺流程

按下列方法进行。

（1）以一次安装、加工作为一道工序。

（2）以同一把刀具加工的内容划分工序。

（3）以加工部位划分工序。

（4）以粗、精加工划分工序。

2. 顺序的安排

顺序的安排应根据零件的结构和毛坯状况、夹紧的需要来考虑。顺序安排一般应按以下原则进行。

（1）上道工序的加工不能影响下道工序的定位与夹紧，中间穿插有通用机床加工工序的也应综合考虑。

（2）先进行内腔加工，后进行外形加工。

（3）以相同定位、夹紧方式加工或用同一把刀具加工的工序，最好连续加工，以减少重复定位次数、换刀次数与挪动压板次数。

（4）在同一次装夹的多道工序加工中，应先安排对工件刚性破坏小的工序。

3. 数控加工工艺与普通工序的衔接

数控加工工序前后一般都穿插有其他普通加工工序，如衔接得不好就容易产生矛盾。因此在熟悉整个加工工艺内容的同时，要清楚数控加工工序与普通加工工序各自的技术要求、加工目的、加工特点，如要不要留加工余量，留多少；定位面与孔的精度要求及形位公差；对校形工序的技术要求；对毛坯的热处理状态等。这样才能使各工序达到相互满足加工需要，且质量目标及技术要求明确，交接验收有依据。

任务二　数控加工工艺设计方法

在选择了数控加工工艺内容和确定了零件加工路线后，即可进行数控加工工序的设计。数控加工工序的设计主要包括如下内容。

一、确定走刀路线和安排加工顺序

数控工序设计的主要任务是进一步把本工序的加工内容、切削用量、工艺装备、定位夹紧方式以及刀具运动轨迹确定下来，为编制加工程序作好准备。

走刀路线就是指数控机床在加工零件的过程中，刀具相对静止工件的运动方向和轨迹。它不但包括了工步的内容，也反映出工步顺序。走刀路线是编写程序的依据之一。确定走刀路线时应注意以下几点。

（1）寻求最短加工路线，减少刀具空行程时间和换刀次数，以提高加工效率。

如加工图 2-3(a)所示零件上的孔系。图 2-3(b)所示的走刀路线为先加工完外圈孔后，再加工内圈孔。若改用图 2-3(c)所示的走刀路线，则可节省近一半的定位时间。

（2）尽量使编程数值计算简单，程序段数量少，程序短，以减少编程工作量。

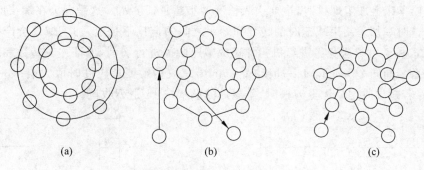

图 2-3　最短走刀路线的设计

（3）保证零件表面粗糙度和加工精度要求。

在连续铣削平面零件外轮廓时，一般采用立铣刀侧刃切削。刀具切入工件时，应沿外轮廓曲面延长线的切向切入，避免沿零件外轮廓的法向切入，从而避免在切入处产生刀具痕迹，保证零件表面光滑过度。同理，在刀具切出零件时，应避免在工件的轮廓处直接退刀，而需沿零件轮廓延长线的切向逐渐切离零件[图 2-4(a)]。刀具路线：A→沿 1 至 B→沿 2 铣外轮廓一周→经 3 到 C 退离。

在连续铣削封闭的内轮廓表面时也应遵守上述原则，必要时添加辅助线[图 2-4(b)]。刀具路线：零件轮廓中心→沿 1 经 2 至 A→经 AB 圆弧切入→经 4 逆时针圆弧切削→至 3→经 BC 圆弧至 6→由 6 至 1→零件轮廓中心。

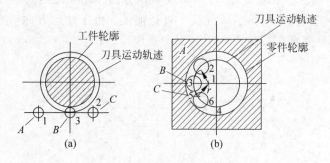

图 2-4　外、内圆铣削走刀路线

在铣削加工中，顺铣和逆铣得到的加工表面质量是不一样的。在精铣时，应尽量采用顺铣，以利于零件表面质量。为了提高零件的加工精度，可采用多次走刀法，控制变形误差。

（4）确定轴向移动尺寸时，应考虑刀具的引入长度和超越长度。加工零件时，零件的进给距离应当是刀具的引入长度 δ_1、零件加工长度 L 和刀具的超越长度 δ_2 之和，如图 2-5 所示。常见刀具的引入长度和超越长度可参见表 2-1，表 2-1 中 d 指钻头的直径。

表 2-1　常见刀具的引入长度δ_1和超越长度δ_2　　　　　　　　单位：mm

工序名称		钻孔	镗孔	铰孔	攻螺纹
引入长度	加工表面	2～3	3～5	3～5	5～10
	毛坯表面	5～8	5～8	5～8	5～10
超越长度		1/3d　（3～8）	5～10	10～15	10～15

在数控车床上加工螺纹时,也要引入长度 δ_1 和超越长度 δ_2。这是因为在螺纹加工时,主轴开始加速时和加工结束减速时的转数和螺距之间的速比不稳定,加工螺纹会产生乱扣现象。引入 δ_1 和 δ_2 可以避免在进给机构加速或减速阶段进行切削,保证主轴转数和螺距之间的速比关系。如图 2-6 所示, δ_1 一般取 $2\sim5$ mm,螺纹精度要求较高时取大值; δ_2 一般可取 δ_1 的 1/4。若螺纹收尾处无退刀槽时,收尾处的形状按 45°退刀收尾。

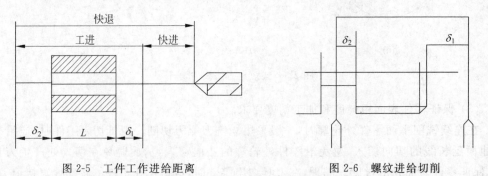

图 2-5　工件工作进给距离　　　　　　　图 2-6　螺纹进给切削

（5）镗孔加工时,当对位置精度要求较高时,加工路线的定位方向需保持一致。图 2-7 所示为镗孔加工路线示意图。零件上有 4 个需要加工的孔,可采用两种加工方法。图 2-7 (a)所示的方法是按照孔 1→孔 2→孔 3→孔 4 的加工路线完成的。由于孔 4 的定位方向与孔 1、孔 2、孔 3 方向相反, X 轴的反向间隙会使定位误差增加,影响孔距间的位置精度。图 2-7(b)所示的方法是加工完孔 2 后,刀具向 X 轴反方向移动一段距离,越过孔 4 后,再向 X 轴正方向移至孔 4 进行加工,然后移到孔 3 进行加工。由于定位方向一致,消除了 X 轴的反向间隙,故孔间位置精度较高。

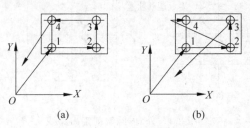

(a)　　　　　　　　　(b)

图 2-7　镗削加工示意图

二、确定定位和夹紧方案

在确定定位和夹紧方案时应注意以下几个问题。

（1）能做到设计基准、工艺基准与编程计算基准的统一。

（2）尽量将工序集中,减少装夹次数,尽可能在一次装夹后能加工出全部待加工表面。

（3）采用占机人工调整时间长的装夹方案。

（4）力的作用点应落在工件刚性较好的部位。

图 2-8(a)所示的薄壁套的轴向刚性比径向刚性好,用卡爪径向夹紧时工件变形大,若沿轴向施加夹紧力,变形会小得多。在夹紧图 2-8(b)所示的薄壁箱体时,夹紧力不应作用在箱体的顶面,而应作用在刚性较好的凸边上,或改为在顶面上三点夹紧,改变着力点位置,以

减小夹紧变形,如图 2-8(c)所示。

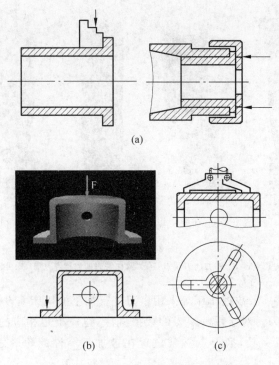

图 2-8　紧力作用点与夹紧变形的关系

三、确定刀具与工件的相对位置

对于数控机床来说,在加工开始时,确定刀具与工件的相对位置是很重要的,这一相对位置是通过确认对刀点来实现的。对刀点是指通过对刀确定刀具与工件相对位置的基准点。对刀点可以设置在被加工零件上,也可以设在夹具上与零件定位基准有一定尺寸联系的某一位置,对刀点往往就是零件的加工原点。对刀点的选择原则如下。

(1) 所选的对刀点应使程序编制简单。

(2) 对刀点应选择在容易找正、便于确定零件加工原点的位置。

(3) 对刀点的位置应在加工时检验方便、可靠。

(4) 对刀点的选择应有利于提高加工精度。

例如,加工图 2-9 所示零件时,当按照图示路线来编制数控加工程序时,选择夹具定位元件圆柱销的中心线与定位平面 A 的交点作为加工的对刀点。显然,这里的对刀点也恰好是加工原点。

在使用对刀点确定加工原点时,就需要进行对刀。对刀是指使刀位点与对刀点重合的操作。每把刀具的半径与长度尺寸都是不同的,刀具装在机床上

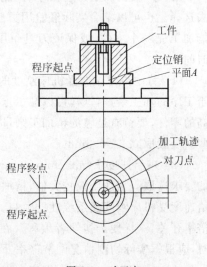

图 2-9　对刀点

后,应在控制系统中设置刀具的基本位置。刀位点是指刀具的定位基准点,如图 2-10 所示。

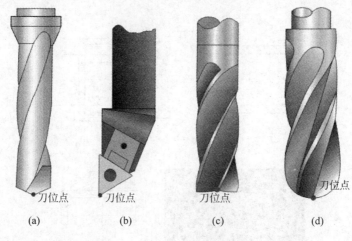

图 2-10　刀位点

(a) 钻头的刀位点;(b) 车刀的刀位点;(c) 圆柱铣刀的刀位点;(d) 球头铣刀的刀位点

换刀点是为加工中心、数控车床等采用多刀进行加工的机床而设置的,因为这些机床在加工过程中要自动换刀。对于手动换刀的数控铣床,也应确定相应的换刀位置。为防止换刀时碰伤零件、刀具或夹具,换刀点常常设置在被加工零件的轮廓之外,并留有一定的安全量。

四、确定切削用量

对于高效率的金属切削机床加工来说,被加工材料、切削刀具、切削用量是三大要素。这些条件决定着加工时间、刀具寿命和加工质量。经济的、有效的加工方式要求必须合理地选择切削条件。

编程人员在确定每道工序的切削用量时,应根据刀具的耐用度和机床说明书中的规定去选择。也可以结合实际经验用类比法确定切削用量。在选择切削用量时要充分保证刀具能加工完一个零件,或保证刀具耐用度不低于一个工作班,最少不低于半个工作班的工作时间。

(1) 背吃刀量主要受机床刚度的限制,在机床刚度允许的情况下,尽可能使背吃刀量等于工序的加工余量,这样可以减少走刀次数,提高加工效率。对于表面粗糙度和精度要求较高的零件,要留有足够的精加工余量,数控加工的精加工余量可比普通机床加工的余量小一些。一般取 0.2~0.3mm。

(2) 进给速度 F(mm/min 或 mm/r),又称为进给量。进给速度按零件加工表面粗糙度的要求选取。粗加工取较大值,精加工取较小值(通常在 20~50 mm/min 范围内)。最大进给速度受机床刚度及系统性能限制。在实际加工中,一般数控机床都具有控制进给速度的倍率开关,这样便于初学者编程。在编程时,可使进给速度的值稍大一些。而在实际加工时,应根据实际切削情况调节倍率开关(控制数控机床的实际进给速度)。

(3) 主轴转速 n。它由机床允许的切削速度及零件直径选取。

$$n = 1000v/\pi_d$$

式中：n——主轴转速，r/min；

　　　v——切削速度，m/min，由刀具寿命来确定；

　　　d——零件或刀具直径，mm。

编程人员在确定切削用量时，要根据被加工工件材料、硬度、切削状态、背吃刀量、进给量、刀具耐用度，最后选择合适的切削速度。表 2-2 为车削加工时的选择切削条件的参考数据。

表 2-2　车削加工时的选择切削条件的参考数据

被切削材料名称		轻切削切深 0.5~1.0mm 进给量 0.05~0.3mm/r	一般切削切深 1~4mm 进给量 0.2~0.5mm/r	重切削切深 5~12mm 进给量 0.4~0.8mm/r
优质碳素结构钢	10	100~250	150~250	80~220
	45	60~230	70~220	80~180
合金钢	$\sigma_b \leqslant 750$MPa	100~220	100~230	70~220
	$\sigma_b > 750$MPa	70~220	80~220	80~200

任务三　填写数控加工技术文件

零件的加工工艺设计完成后，就应该将有关内容填入各种相应的表格（或卡片）中，以便于执行并将其作为编程和生产前技术准备的依据，这些表格（或卡片）被称为工艺文件。

填写数控加工工艺文件是数控加工工艺设计的内容之一。这些技术文件既是数控加工的依据、产品验收的依据，也是操作者遵守、执行的规程。技术文件是对数控加工的具体说明，目的是让操作者更明确加工程序的内容、装夹方式、各个加工部位所选用的刀具及其他技术问题。数控加工技术文件主要有：数控编程任务书、工件安装和原点设定卡片、数控加工工序卡片、数控加工走刀路线图、数控刀具卡片等。以下提供了常用文件格式，文件格式可根据企业实际情况自行设计。

一、数控编程任务书

数控编程任务书阐明了工艺人员对数控加工工序的技术要求和工序说明，以及数控加工前应保证的加工余量。它是编程人员和工艺人员协调工作和编制数控程序的重要依据之一，详见表 2-3。

二、数控加工工件安装和加工原点设定卡片

数控加工工件安装和加工原点设定卡片简称为装夹图和零件设定卡，它应表示出数控加工原点、定位方法和夹紧方法，并应注明加工原点设定位置和坐标方向、使用的夹具名称和编号等，详见表 2-4。

表 2-3 数控编程任务书

工艺处	数控编程 任务书	产品零件图号		任务书编号	
		零件名称		共 页 第 页	
		使用数控设备			
主要工序说明及技术要求：					
		编程收 到日期	月 日	经手人	
编制		审核	编程	审核	批准

表 2-4 工件安装和原点设定卡片

零件图号	J30102-4	数控加工工件安装和零点设定卡片	工序号	
零件名称	行星架		装夹次数	

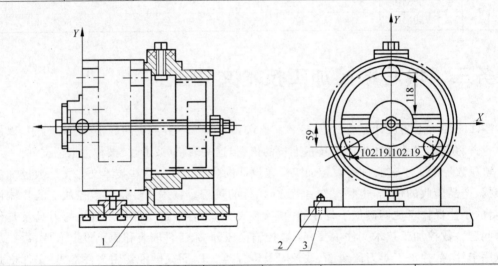

			3	梯形槽螺栓	
			2	压板	
			1	镗铣夹具板	GS53-61
编制（日期） 审核（日期）		批准（日期）	第　页		
			共　页	序号	夹具名称	夹具图号

三、数控加工工序卡片

数控加工工序卡与普通加工工序卡有许多相似之处，所不同的是：工序草图中应注明编程原点与对刀点，要进行简要编程说明（如所用机床型号、程序介质、程序编号、刀具半径补偿、镜向对称加工方式等）及切削参数（即程序编入的主轴转速、进给速度、最大背吃刀量或宽度等）的选择，详见表 2-5。

表 2-5 数控加工工序卡片

单位	数控加工工序卡片	产品名称或代号		零件名		零件图号			
		车间			使用设备				
		工艺序号			程序编号				
		夹具名称			夹具编号				
工步号	工步作业内容	加工面		刀具号	刀补量	主轴转速	进给速度	背吃刀量	备注
编制		审核		批准		年月日	共 页	第 页	

四、数控加工走刀路线图

在数控加工中，常常要注意并防止刀具在运动过程中与夹具或工件发生意外碰撞，为此必须设法告诉操作者关于编程中的刀具运动路线（如从哪里下刀、在哪里抬刀、哪里是斜下刀等）。为简化走刀路线图，一般可采用统一约定的符号来表示。不同的机床可以采用不同的图例与格式，表 2-6 中所示为一种常用格式。

五、数控刀具卡片

数控加工时对刀具的要求十分严格，一般要在机外对刀仪上预先调整刀具直径和长度。刀具卡反映刀具编号、刀具结构、尾柄规格、组合件名称代号、刀片型号和材料等。它是组装刀具和调整刀具的依据，详见表 2-7。

表 2-6　数控加工走刀路线图

数控加工走刀路线图		零件图号	NC01	工序号			程序号	O100
机床型号	XK5032	程序段号	N10～170	加工内容	铣轮廓周边		共1页	第 页

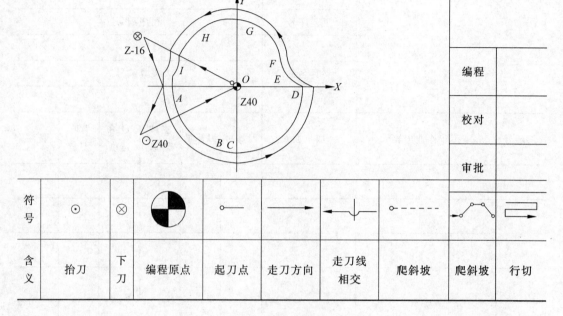

								编程	
								校对	
								审批	

符号	⊙	⊗	◑	•—	←	↓	• - - - •	•–•–•	▱
含义	抬刀	下刀	编程原点	起刀点	走刀方向	走刀线相交	爬斜坡	爬斜坡	行切

表 2-7　数控刀具卡片

零件图号	J30102-4	数控刀具卡片			使用设备	
刀具名称	镗刀				TC-30	
刀具编号	T13006	换刀方式	自动	程序编号		

	序号	编　号	刀具名称	规格	数量	备　注
刀具组成	1	T013960	拉钉		1	
	2	390、140-50 50 027	刀柄		1	
	3	391、01-50 50 100	接杆	Φ50×100	1	
	4	391、68-03650 085	镗刀杆		1	
	5	R416.3-122053 25	镗刀组件	Φ41～Φ53	1	
	6	TCMM110208-52	刀片		1	

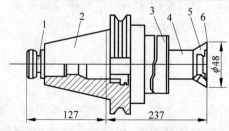

备注						
编制		审校		批准	共 页	第 页

　　不同的机床或不同的加工目的可能会需要不同形式的数控加工专用技术文件。在工作中,可根据具体情况设计文件格式。

思考与习题

　　2-1　数控加工工艺必须考虑哪些问题?

　　2-2　数控加工工艺路线设计中应注意哪些问题?

　　2-3　确定走刀路线应注意哪些问题?

　　2-4　数控工艺与传统工艺相比有哪些特点?

　　2-5　指出立铣刀、球头铣刀和钻头的刀位点。

　　2-6　数控编程开始前进行工艺分析的目的是什么?

　　2-7　数控加工对刀具有什么要求?

　　2-8　如何划分数控加工工序和工步?

　　2-9　数控加工工艺文件有哪些,它们都有什么作用?

　　2-10　在课余时间或实习时间里认真观察数控加工在哪些场合中应用,同时思考它们的工艺安排。

项目三　数控机床的程序编制

项目导读

数控编程是数控加工准备阶段的主要内容之一,通常是指根据被加工零件的图纸和技术要求、工艺要求,将零件加工的工艺顺序、工序内的工步安排、刀具相对于工件运动的轨迹与方向、工艺参数及辅助动作等,用数控系统所规定的规则、代码和格式编制成文件,并将程序单的信息制作成控制介质的整个过程。有手工编程和自动编程两种方法。

本项目主要介绍数控编程的内容、手工编程方法和步骤、自动编程的特点及常用自动编程软件等内容。在手工编程任务内容中,又详细介绍了数控车床、数控铣床及数控加工中心的加工特点及编程特点。

项目目标

1. 掌握数控编程的特点及基本组成。
2. 熟悉数控程序的编制方法。
3. 熟悉数控车床、数控铣床及加工中心程序编制的特点。
4. 能够对中等复杂的零件进行加工程序的编制。
5. 了解自动编程的特点。
6. 会用 UG 软件对中等复杂零件进行自动编程。

任务一　数控编程概述

数控机床加工与普通机床加工不同,它是由计算机控制完成加工的全过程,无需人工干预,而计算机工作的基本条件是执行指令程序。所以数控编程是实施数控加工前的必须工作,数控机床没有加工程序将无法实现加工。所谓数控编程即进行数控加工前从工件图纸到制成控制介质的全过程。具体地说,数控编程是指将轮廓轨迹、形状、尺寸精度、工艺条件等全部技术参数数据化,转换为符合数控系统所规定的规则、代码和格式要求的加工指令,并将程序记录在控制介质的整个过程。

数控编程是数控加工的基本条件之一,且编程质量对工件的加工质量和加工效率产生了直接的影响,因此编程质量的提高成为提高 NC 机床加工利用率和经济效益的重要环节之一。

一、程序编制的内容和步骤

数控编程的主要内容包括零件图纸的分析、工艺过程的编制、数学处理、程序编制、程序输入与试切。数控编程的具体步骤如图 3-1 所示。

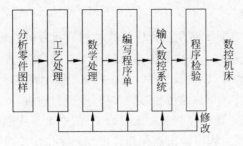

图 3-1　数控编程过程

1. 分析工作图样

根据零件图纸分析工件的形状、尺寸、材料、加工精度、批量、热处理条件,加工期限,企业工艺条件等,从而确定数控加工的可行性和适用性。

2. 确定工艺过程

对数控加工工件的工艺过程分析与传统的加工工艺处理类似,但需考虑数控机床的特殊功能特点、数控系统的指令功能以及充分发挥数控机床的加工效率等特性。根据工件的特征需完成下述任务。

（1）确定加工机床、刀具与夹具。

（2）确定零件加工的工艺路线、工步顺序。

（3）确定切削用量（主轴转速、进给速度、进给量、切削参数）。

（4）确定辅助功能（换刀,主轴正传、反转,冷却液开、关等）。

3. 数值计算

在确定了工艺方案后,就需要根据零件的几何尺寸、加工路线等,计算刀具中心运动轨迹,以获得刀位数据。数控系统一般均具有直线插补与圆弧插补功能,对于加工由圆弧和直线组成的较简单的平面零件,只需要计算出零件轮廓上相邻几何元素交点或切点的坐标值,得出各几何元素的起点、终点、圆弧的圆心坐标值等,就能满足编程要求。当零件的几何形状与控制系统的插补功能不一致时,就需要进行较复杂的数值计算,一般需要使用计算机辅助计算,否则难以完成。

4. 编写加工程序

在完成上述工艺处理及数值计算工作后,即可按照数控系统规定的指令代码及程序格式,逐段编写零件加工程序,并进行初步校验（一般采用阅读法,即对照加工零件的要求,对编制的加工程序进行仔细地阅读和分析,以检查程序的正确性）,检查上述两个步骤的错误,程序编制人员应对数控机床的功能、程序指令及代码十分熟悉,才能编写出正确的加工程序。

5. 输入数控系统

将数控程序单上的内容,经转换记录在控制介质上（如存储在磁盘上）,作为数控系统的输入信息,若程序较简单,也可直接通过 MDI 键盘输入。常用的介质种类因系统不同而有所差别,如传统多用穿孔纸带、磁带机及记录磁带、软磁盘适配器及软磁盘、硬磁盘适配器及记录在硬盘上的程序、光驱及光盘、键盘直接输入方式、EPROM 等非易失性固态存储器存储加工程序等。

6. 程序校验

任何程序在正式加工之前都必须进行检验或试切。程序的校验用于检查程序的正确性和合理性,但不能检查加工精度。利用数控系统的相关功能,在数控机床上运行程序,来检查机床动作和运动轨迹的正确性,以检验程序。如在具有图形模拟显示功能的数控机床上,可通过显示走刀轨迹或模拟刀具对工件的切削过程,对程序进行检查。由于这种检查方法较为直观简单,现被广泛采用。对于形状复杂和要求高的零件,也可采用铝件、塑料或石蜡等易切材料进行试切来检验程序以检查程序的正确性和合理性。试切法不仅可检验程序的正确性,还可检查加工精度是否符合要求。通常只有试切零件检验合格后,加工程序才算编制完毕。

二、程序编制的方法

数控机床程序是按一定的格式并以代码的形式编制的,目前零件的加工程序编制方法分为手工编程和自动编程两种。

1. 手工编程

手工编程是由人工完成编程的全部步骤,从分析零件图样、确定工艺过程、数值计算、编写零件加工程序单、程序输入到程序检验等各步骤均由人工完成。这种方式比较简单,很容易掌握,适应性较大。适用于零件形状简单、程序段较少、计算简单的场合。它是自动编程的基础,机床操作人员必须掌握。

2. 自动编程

对于零件形状复杂或程序量大的零件采用手工编程则工作量很大或不可能时,就必须借助计算机进行自动编程。自动编程也称为计算机(或编程机)辅助编程,即程序编制工作的大部分或全部由计算机完成。利用通用的微机及专用的自动编程软件,以人机对话方式确定加工对象和加工条件自动进行运算和生成指令。自动编程编出的程序还可通过计算机或自动绘图仪进行刀具运动轨迹的图形检查,编程人员可以及时检查程序是否正确,并及时修改。自动编程大大减轻了编程人员的劳动强度,提高效率几十倍乃至上百倍,同时解决了手工编程无法解决的许多复杂零件的编程难题。工作表面形状愈复杂,工艺过程愈烦琐,自动编程的优势愈明显。目前中小企业普遍采用这种方法,编制较复杂的零件加工程序效率高,可靠性好。专用软件多为在开放式操作系统环境下,在微机上开发的,成本低,通用性强。除此之外还可利用 CAD/CAM 系统进行零件的设计、分析及加工编程。该种方法适用于制造业中的 CAD/CAM 集成系统,目前正被广泛应用。该方式适应面广、效率高、程序质量好,适用于各类柔性制造系统 (FMS) 和集成制造系统(CIMS),但投资大,掌握起来需要一定时间。

任务二　手工程序编制

一、程序编制的标准规定和代码

不同类型的数控系统,根据系统本身的特点及编程的需要,编程的格式和代码也不尽相同。我国根据 ISO 标准制定了相应的国家标准。因此,编程人员必须严格按照机床说明书的规定格式进行编程。

程序段是可作为一个单位来处理的连续的字组,它实际是数控加工程序中的一段程序。零件加工程序的主体由若干个程序段组成。多数程序段是用来指令机床完成或执行某一动作。一个完整的程序由程序号和若干程序段(程序的内容、程序结束)组成。程序结构举例如下:

```
%
O1234 ;                        程序号
N1 G90G54G00X0Y0Sl000M03;      第一程序段
N2 Z100.0;                     第二程序段
N3 G41X20.0Y10.0D01;
N4 Z2.0;
N5 G01Z10.0F100;
N6 Y50.0F200;                  程序内容
N7 X50.0;
N8 Y20.0;
N9 X10.0;
N10 G00Z100.0;
N1l G40X0Y0M05
N12 M30;                       程序结束
```

1. 程序号

程序号写在程序的开头,独占一行,说明该零件的加工程序开始。由地址符后带若干位数字组成。常用的地址符有"%"、"P"、"O"等,视具体数控系统而定。

2. 程序段

程序段内容部分是整个程序的核心,零件加工程序由若干程序段组成。每个程序段由程序段号、若干功能字和程序段结束符号组成;功能字简称为字,每个字由一个英文字母与随后的若干位数字组成。其中英文字母称为字地址符,字的功能由地址符决定。

1) 程序段格式

程序段表示一个完整的加工工步或动作。程序段由程序段号、若干功能字和程序段结束符号组成。程序段格式是指令字在程序段中排列的顺序,不同数控系统有不同的程序段格式。常见程序段格式如图 3-2 所示。

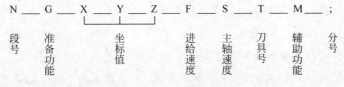

图 3-2 常见程序段格式

在上一程序段中已经指定,本程序段中仍有效的指令称为模态指令,反之为非模态指令。对于模态指令,如果上一程序段已指定且本程序中无变化则可省略。

2) 字地址符及其含义

通过上面介绍可得,功能字是组成数控程序的最基本单元,它由地址符和数字组成,地址符决定了字的功能。FANUC 系统地址符含义见表 3-1。

表 3-1 常用地址符

机 能	地 址 符	说 明
程序号	O 或 P 或 %	程序编号地址
程序段号	N	程序段顺序编号地址
坐标字	X,Y,Z;U,V,W P,Q,R A,B,C;D,E R;I,J,K	直线坐标轴 旋转坐标轴 圆弧半径 圆弧中心坐标
准备功能	G	指令动作方式
辅助功能	M,B	开关功能,工作台分度等
补偿值	H 或 D	补偿值地址
暂停	P 或 X 或 F	暂停时间
重复次数	L 或 H	子程序或循环程序的循环次
切削用量	S 或 V F	主轴转数或切削速度 进给量或进给速度
刀具号	T	刀库中刀具编号

3. 字的类别及功能

坐标字由坐标地址符及数字组成,且按一定的顺序进行排列,各组数字必须具有作为地址代码的字母开头,坐标字用于确定机床上刀具运动终点的坐标位置。按其功能的不同分为 7 种类型,分别是顺序号字、准备功能字、坐标字、进给功能字、主轴转速功能字、刀具功能字和辅助功能字。

1) 程序段序号字 N(简称为顺序号字)

顺序号字就是程序段的序号。顺序号字位于程序段之首,用地址码 N 和后面的 1~9999 中的任意数字来表示。

顺序号用于编程者对程序的校对、检索和修改;在加工轨迹图的几何节点处标上相应的顺序段的顺序号,就可直观的检查程序。顺序号的使用规则如下:顺序号数字部分为整数,最小为 1,且数字可以不连续,也可以颠倒,一般习惯按顺序并以 5 或者 10 的倍数编程,以备插入新的程序段,程序段可以部分或全部省略顺序号。

2) 准备功能 G(简称为 G 功能)

G 指令也称为准备功能指令,它是使机床或数控系统建立起某种加工方式的指令。这类指令是在数控装置插补运算之前需要预先规定,为插补运算、刀补运算、固定循环等做好准备。例如,刀具在哪个坐标平面加工,加工轨迹是直线还是圆弧等都需用 G 指令来指定。G 指令由字母 G 和其后两位数字组成,从 G00~G99 共有 100 种。

需要特别注意的是,不同的数控系统,其 G 指令的功能并不相同,有些甚至相差很大,编程时必须严格按照数控系统编程手册的规定编制程序。FANUC 0i 系统 G 功能指令见表 3-2。

表 3-2　FANUC 0i 系统 G 功能指令

G 代码	组别	数控车的功能	数控铣的功能	附注
G00*	01	快速定位	相同	模态/续效
G01	01	直线插补	相同	模态
G02	01	顺时针方向圆弧插补	相同	模态
G03	01	逆时针方向圆弧插补	相同	模态
G04	00	暂停	相同	非模态
G10	00	数据设置	相同	模态
G11	00	数据设置取消	相同	模态
G17*	02	XY 平面选择	相同	模态
G18	02	ZX 平面选择	相同	模态
G19	02	YZ 平面选择	相同	模态
G20	06	英制	相同	模态
G21	06	米制	相同	模态
G22*	04	存储行程检测功能开	相同	模态
G23	04	存储行程检测功能关	相同	模态
G25	25	主轴速度波动检查打开	相同	模态
G26*	25	主轴速度波动检查关闭	相同	模态
G27	00	参考点返回检查	相同	非模态
G28	00	参考点返回	相同	非模态
G30	00	第 2 参考点返回	×	非模态
G31	00	跳步功能	相同	非模态
G32	01	螺纹切削	×	模态
G36	00	X 向自动刀具补偿	×	非模态
G37	00	Z 向自动刀具补偿	×	非模态
G40*	07	刀尖半径补偿取消	刀具半径补偿取消	模态
G41	07	刀尖半径左补偿	刀具半径左补偿	模态
G42	07	刀尖半径右补偿	刀具半径右补偿	模态
G43	08	×	刀具长度正补偿	模态
G44	08	×	刀具长度负补偿	模态
G49*	08	×	刀具长度补偿取消	模态
G50*	11	工件坐标原点设置/ 最大主轴速度设置	比例缩放功能取消	非模态
G51	11	×	比例缩放功能	模态
G52	00	×	局部坐标系设置	非模态
G53	00	机床坐标系设置	相同	非模态
G54*	14	工件坐标系偏置 1	相同	模态
G55	14	工件坐标系偏置 2	相同	模态
G56	14	工件坐标系偏置 3	相同	模态
G57	14	工件坐标系偏置 4	相同	模态
G58	14	工件坐标系偏置 5	相同	模态
G59	14	工件坐标系偏置 6	相同	模态
G63	15	×	攻丝模式	模态
G64*	15	×	切削模式	模态

G 代码	组别	数控车的功能	数控铣的功能	附注
G65	00	宏程序调用	相同	非模态
G66	12	宏程序调用模态	相同	模态
G67*	12	宏程序调用取消	相同	模态
G68	16	×	坐标系旋转	模态
G69*	16	双刀架镜像关闭	×	模态
G70	00	精车循环	×	非模态
G71	00	外圆/内孔粗车循环	×	非模态
G72	00	模型车削循环	×	非模态
G73	00/09	端面粗车循环	高速深孔钻孔循环	非模态
G74	00/09	端面啄式钻孔循环	左旋攻螺纹循环	非模态
G75	00	外径/内径啄式钻孔循环	×	非模态
G76	00/09	螺纹车削多次循环	精镗循环	非模态
G80*	09	固定循环取消	相同	模态
G81	09	×	钻孔循环	模态
G82	09	×	钻孔循环	模态
G83	09	端面钻孔循环	深孔钻孔循环	模态
G84	09	端面攻螺纹循环	攻螺纹循环	模态
G85	09	×	粗镗循环	模态
G86	09	端面镗孔循环	镗孔循环	模态
G87	09	侧面钻孔循环	背镗孔循环	模态
G88	09	侧面攻螺纹循环	×	模态
G89	09	侧面镗孔循环	镗孔循环	模态
G90	01/03	外径/内径车削循环	绝对尺寸	模态
G91*	03	×	相对增量尺寸	模态
G92	01	单次螺纹车削循环	工件坐标原点设置	模态
G94	01/05	端面车削循环	每分钟进给速度	模态
G95	05	×	每转进给速度：进给量	模态
G96	02	恒表面速度设置	×	模态
G97	02	恒表面速度设置	×	模态
G98*	05/10	每分钟进给	固定循环中返回到起始高度	模态
G99	05/10	每转进给	固定循环中返回到 R 高度	模态

3）进给功能字 F

进给功能字的地址符是 F，又称为 F 功能或 F 指令，用于指定切削的进给速度。对于车床，F 指令可分为每分钟进给和主轴每转进给两种，对于其他数控机床，一般只用每分钟进给。F 指令在螺纹切削程序段中常用来指定螺纹的导程。

每转进给量（mm/r）：用 G99 指定，表示主轴每转一转刀具进给量。

如：G99 F0.2 表示主轴每转一转刀具进给 0.2mm，即相当于 $F=0.2$mm/r。

每分钟进给量：用 G98 指定，表示每分钟刀具进给量。

如：G98 F100 表示刀具进给速度为 100mm/min。

4）主轴转速功能 S

由主轴地址符 S 及数字组成，作用是控制主轴转速，单位用 G96 和 G97 两种方式指定

（机床通电后默认为 G97 功能）。

主轴转速控制（G97）：格式为 G97 S___，表示每分钟主轴转数，单位为 r/min。

如：G97 S1000 表示主轴每分钟转数为 1000 转恒定不变。

恒线速度控制（G96）：格式为 G96 S___，表示切削点的线速度不变。即切削时工件上任一点的切削速度是固定的，单位为 m/min。

如：G96 S150，表示切削速度恒为 150m/min。此时转速会由数控系统自动控制做相应变化。

公式为：$v = n\pi D/1000$。

单位：v 为 m/min，D 为 mm，n 为 r/min。

5）刀具功能 T

由地址符 T 和数字组成，作用是指定刀具和刀具补偿。若 T 后面有两位数表示所选择的刀具号码 T___，第一位是刀具号，第二位是刀具补偿号（包括刀具偏置补偿、刀具磨损补偿、刀尖圆弧补偿、刀尖刀位号等）。若 T 后面有四位数表示所选择的刀具号码 T___，前两位是刀具号，后两位是刀具补偿号。

6）辅助功能 M（简称为 M 功能）

辅助功能字由 M 地址符及随后的两位数字组成，所以也称为 M 功能或 M 指令。它用来指令数控机床的辅助动作及其状态，如主轴的启、停，冷却液通、断，更换刀具等。与 G 指令一样，M 指令已有国际标准和国家标准，且 M 指令与 G 指令一样，不同的数控系统其 M 指令的功能并不相同，有些差别较大，必须按照所用机床说明书的规定编制程序。常用的 FANUC 系统的指令见表 3-3。

表 3-3　FANUC 系统常用辅助功能指令

M 功能字	含　　义	M 功能字	含　　义
M00	程序停止	M07	2 号冷却液开
M01	计划停止	M08	1 号冷却液开
M02	程序停止	M09	冷却液关
M03	主轴顺时针旋转	M30	程序停止并返回原点
M04	主轴逆时针旋转	M98	调用子程序
M05	主轴旋转停止	M99	返回子程序
M06	换刀		

7）程序段结束符号

列在程序段的最后一个有用的字符之后，表示程序段的结束。

二、机床坐标系和工件坐标系的定义

一般来讲数控机床通常使用的有两个坐标系，一是机床坐标系，一是工件坐标系（编程坐标系）。数控机床的坐标系统，包括坐标系、坐标原点和运动方向。对于数控加工及编程，都必须对数控机床的坐标系统有一个完整且正确的理解，否则，程序编制将发生混乱。

1. 机床坐标系

1) 机床坐标系的确定

数控机床上,为确定机床运动的方向和距离,必须要有一个坐标系才能实现,我们把这种机床固有的坐标系称为机床坐标系。机床坐标系是机床固有的坐标系,它是制造和调整机床的基础,也是设置工件坐标系的基础。数控机床的坐标系规定已标准化,其基本坐标轴为 X、Y、Z 直角坐标,相对于每个坐标轴的旋转运动坐标为 A、B、C。标准机床坐标系坐标轴的相互关系用右手笛卡尔直角坐标系决定,如图 3-3 所示。

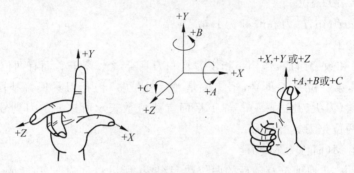

图 3-3 右手笛卡尔坐标系

伸出右手的大拇指、食指和中指,并互为 90°。则大拇指代表 X 坐标,食指代表 Y 坐标,中指代表 Z 坐标。大拇指的指向为 X 坐标的正方向,食指的指向为 Y 坐标的正方向,中指的指向为 Z 坐标的正方向。围绕 X、Y、Z 坐标旋转的旋转坐标分别用 A、B、C 表示,根据右手螺旋定则,大拇指的指向为 X、Y、Z 坐标中任意轴的正向,则其余四指的旋转方向即为旋转坐标 A、B、C 的正向。其中增大刀具与工件距离的方向即为各坐标轴的正方向。

2) 数控机床坐标轴及其方向的确定

不论机床的具体结构是工件静止、刀具运动,还是工件运动、刀具静止,数控机床的坐标运动指的是刀具相对静止的工件坐标系的运动。

(1) Z 坐标。通常将传递切削力的主轴轴线定位 Z 坐标轴,对于刀具旋转的机床如铣床、钻床、镗床等,旋转刀具的轴线为 Z 轴。对于工件旋转的机床,如车床,则工件旋转的轴线为 Z 轴。如果机床上有几个主轴,则选一个垂直于工件装夹平面的主轴方向为 Z 坐标方向;如果主轴能够摆动,则选垂直于工件装夹平面的方向为 Z 坐标方向;如果机床无主轴,则选垂直于工件装夹平面的方向为 Z 坐标方向。Z 坐标的正向为刀具离开工件的方向,如图 3-4 所示。

(2) X 坐标。X 坐标轴一般是水平的,它平行于工件的装夹面且与 Z 轴垂直。确定 X 轴方向时要考虑两种情况:

如果工件作旋转运动,如车床,X 轴的方向是在工件的径向上,且平行于横滑座。正方向为刀具远离工件的方向。

如果刀具作旋转运动,如铣床,则规定:当 Z 轴水平时,从刀具主轴后端向刀具方向看,X 轴的正方向为水平向右方向;当 Z 轴竖直时,面对主轴向立柱方向看,X 轴的正方向为水平向右方向,如图 3-4 所示。

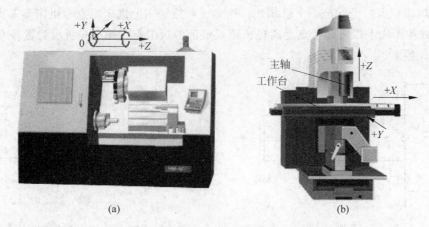

图 3-4　数控机床坐标系示意图

（3）Y 坐标。在确定了 X、Z 轴的正方向后，可按右手直角笛卡尔坐标系确定 Y 轴的正方向，即在 ZX 平面内，从 $+Z$ 转到 $+X$ 时，右螺旋应沿 $+Y$ 方向前进。

2. 工件坐标系

工件坐标系是编程人员在编程时使用的，是在数控编程时用来定义工件形状和刀具相对工件运动的坐标系，为保证编程与机床加工的一致性，工件坐标系也应是右手笛卡尔坐标系。工件装夹到机床上时，应使工件坐标系与机床坐标系的坐标轴方向保持一致。工件坐标系的原点称为工件原点或编程原点，工件原点在工件上的位置虽可任意选择，但一般应遵循以下原则。

（1）工件原点选在工件图样的基础上，以利于编程。

（2）工件原点尽量选在尺寸精度高、粗糙度值低的工件表面上。

（3）工件原点最好选在工件的对称中心上。

（4）要便于测量和检验。

在加工程序中首先要设置工件坐标系，用 G92 指令可建立工件坐标系，用 G54～G59 指令可选择工件坐标系。

3. 附加运动坐标

为了编程和加工的方便有时还要设置附加坐标系，一般称 X、Y、Z 为主坐标系或第一坐标系，如有平行于第一坐标的第二组和第三组坐标，则分别指定为 U、V、W 和 P、Q、R。第一坐标系是指靠近主轴的直线运动，稍远的为第二坐标系，更远的为第三坐标系。

4. 机床原点与机床参考点

机床原点又称为机械原点，它是机床坐标的原点。该点是机床上的一个固定的点，其位置是由机床设计和制造单位确定的，通常不允许用户改变。机床原点是工件坐标系、编程坐标系、机床参考的基准点。这个点不是一个硬件点，而是一个定义点。数控车床的机床原点一般设在卡盘前端面或后端面的中心，如图 3-5 所示。数控铣床的机床原点，各生产厂不一致，有的设在机床工作台的中心，有的设在进给行程终点。

机床参考点是用于对机床运动进行检测和控制的固定位置点。机床参考点的位置是由机床制造厂家在每个进给轴上用限位开关精确调整好的，坐标值已输入数控系统中。因此参考点对机床原点的坐标是一个已知数。通常在数控铣床上机床原点和机床参考点是重合的;而在数控车床上机床参考点是离机床原点最远的极限点。图 3-6 所示为数控车床的参考点与机床原点。

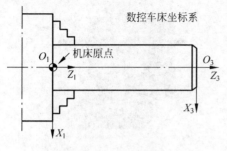

图 3-5   数控车床原点   图 3-6   数控车床的参考点与机床原点

机床参考点对机床原点的坐标是一个已知定值。采用增量式测量的数控机床开机后,都必须作回零操作,使刀具或工作台退回到机床参考点中。

三、数控车床程序的编制

与其他数控机床相同,数控车床程序编制的方法也有两种:手工程序编制与自动程序编制。本节主要以 FANUC 系统为例介绍数控车床编程的特点,并结合实例介绍数控车床手工编程的方法。

1. 数控车床编程的特点

(1) 坐标的选取及坐标指令。数控车床有它特定的坐标系,前面一节已经介绍过。编程时可以按绝对坐标系或增量坐标系编程,也常采用混合坐标系编程。

在数控车床的编程中 U 及 X 坐标值是以直径方式输入的,即按绝对坐标系编程时,X 输入的是直径值,按增量坐标编程时,U 输入的是径向实际位移值的两倍,并附上方向符号(正向省略)。

(2) 固定循环功能。数控车床具备各种不同形式的固定切削循环功能,如内(外)圆柱面固定循环、内(外)锥面固定循环、端面固定循环、切槽循环、内(外)螺纹固定循环及组合面切削循环等,用这些固定循环指令可以简化编程。

(3) 刀具位置补偿。现代数控车床具有刀具位置补偿功能,可以完成刀具磨损和刀尖圆弧半径补偿以及安装刀具时产生的误差的补偿。

2. 数控车床常用各种指令

1) 快速点定位指令(G00)

快速定位指令使刀具以点位控制方式,从刀具所在点快速移动到目标点。它只是快速定位,对中间空行程无轨迹要求,G00 移动速度是机床设定的空行程速度,不需要特别规定进给速度。

输入格式:

G00 X(U)＿ Z(W)＿ ;

说明：X、Z、U、W 代表目标点的坐标，下同；X(U) 坐标按直径值输入；";"表示一个程序段的结束。

(1) G00 指令：各轴以系统预先设定的速度、快速移动，目的是节省非加工时间。

(2) G00 指令中的快进速度由机床参数对各轴分别设定，不能用程序规定。由于各轴以各自速度移动，不能保证各轴同时到达终点，因而联动直线轴的合成轨迹并不总是直线。

(3) 快移速度可由面板上的快速修调旋钮修正。

(4) G00 一般用于加工前快速定位或加工后快速退刀。

(5) G00 为模态功能，可由 G01、G02、G03 或 G32 功能注销。

(6) 在程序中 F 指令对 G00 指令无效。

编程举例：刀具由 $A \rightarrow B$ 快速定位。

程序：

G00 X60 Z100；或 G00 U40 W80；

执行该段程序时刀具从点 $A(60,60)$ 以快速进给速度运动到点 $B(60,100)$，如图 3-7 所示。

2) 直线插补指令（G01）

该指令用于直线或斜线运动。可使数控车床沿 X 轴、Z 轴方向执行单轴运动，也可以沿 XZ 平面内任意斜率的直线运动。

输入格式：

G01 X(U)__ Z(W)__ F __；

F：进给速度。

说明：

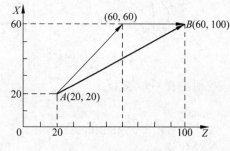

图 3-7　快速定位指令

(1) G01 指令刀具从当前位置以轴联动的方式，按程序段中 F 指令规定的合成进给速度（直线各轴的分速度与各轴的移动距离成正比，以保证指令各轴同时到达终点），按合成的直线轨迹移动到程序段所指定的终点。

(2) 实际进给速度等于指令速度 F 与进给速度修调倍率的乘积。

(3) G01 和 F 都是模态代码，如果后续的程序段不改变加工的线形和进给速度，可以不再书写这些代码。

(4) G01 可由 G00、G02、G03 或 G32 功能注销。

(5) 直线插补可实现纵切外圆、横切端面、斜切锥面等形式的直线插补运动。

编程实例：刀具由 $A \rightarrow B$ 直线移动。

程序：

G01 X60 Z100 F __；或 G01 U40 W80 F __；

执行该段程序时，刀具从点 $A(60,60)$ 直线运动到点 $B(60,100)$，如图 3-8 所示。

3) 绝对值编程与增量值编程

绝对值编程是根据预先设定的编程原点计算出绝对值坐标尺寸进行编程的一种方法。

即采用绝对值编程时,首先要指出编程原点的位置,并用地址 X、Z 进行编程(X 为直径值)。增量值编程是根据与前一个位置的坐标值增量来表示位置的一种编程方法。即程序中的终点坐标是相对于起点坐标而言的。采用增量值编程时,用地址 U、W 代替 X、Z 进行编程。

输入格式:

G90(绝对值编程)   G＿＿ X＿＿ Y＿＿
G91(相对值编程)   G＿＿ U＿＿ W＿＿

数控机床编程时,可采用绝对值编程、增量值编程或二者混合编程。绝对值编程与增量值编程混合起来进行编程的方法称为混合编程。编程时也必须先设定编程原点。

编程实例:刀具由原点按顺序向 1、2、3 点移动时用 G90、G91 指令编程,如图 3-9 所示。

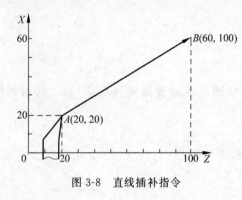

图 3-8   直线插补指令

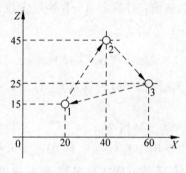

图 3-9   加工路线图

绝对编程 G90 指令:

%0001;
N1 G90 G01 X20 Z15 F100;
N2 X40 Z45;
N3 X60 Z25;
N4 X0 Z0;
N5 M30;

相对编程 G91 指令:

%0002;
N1 G91 G01 X20 Z15 F100;
N2 U20 W30;
N3 U20 W—20;
N4 U—60 W—25;
N5 M30;

4)圆弧插补指令(G02 /G03)

该指令能使刀具沿着圆弧运动,切出圆弧轮廓。G02 为顺时针圆弧插补指令,G03 为逆时针圆弧插补指令,如图 3-10 所示。

圆弧顺逆方向的判别:沿着不在圆弧平面内的坐标轴,由正方向向负方向看,顺时针方向为 G02,逆时针方向为 G03。在数控车削编程中,圆弧的顺、逆方向根据操作者与车床刀架的位置来判断,如图 3-11 所示。

说明:由于车削加工是围绕主轴中心前后对称的,因此无论是前置还是后置式的,X 轴指向前后对编程来说并无多大差别。为适应笛卡尔坐标习惯，编程（绘图）时按后置式的方式进行表示。

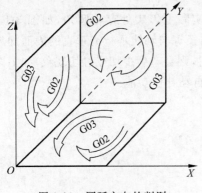

图 3-10　圆弧方向的判别

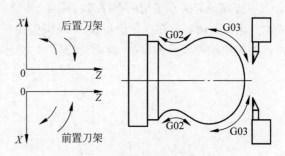

图 3-11　圆弧顺逆与刀架位置关系

输入格式：

G02 /G03 X(U)＿Z(W)＿I＿K＿F＿；

或

G02/G03 X(U)＿Z(W)＿R＿F＿；

说明：

（1）X、Z 是指圆弧插补的终点坐标值；U、W 为圆弧的终点相对于圆弧的起点坐标值。

（2）I、K 表示圆心相对于圆弧起点的增量坐标，与绝对值、增量值编程无关，其为零时可省略。

（3）R 表示圆弧半径，特规定当圆弧的圆心角小于等于 180° 时，R 值为正；当圆弧的圆心角大于 180° 时，R 值为负。此种编程只适于非整圆的圆弧插补的情况，不适于整圆。

（4）X、Z 同时省略时，表示起、终点重合；若用 I、K 来表示圆心位置，则相当于指定了 360° 的弧；若用 R 编程，则表示 0° 的弧。

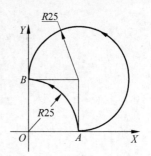

图 3-12　圆弧加工实例

（5）当 I、K 和 R 同时被指定时，R 指令优先，I、K 值无效。

实例编程：分别编制大圆弧 AB 和小圆弧 AB 程序段，如图 3-12 所示。

大圆弧 AB 编程：

G90 G03 X0 Z25 R－25 F80；（终点坐标加半径格式）
G90 G03 X0 Z25 I0 K25 F80；（终点坐标加圆心坐标格式）
G91 G03 X－25 Y25 R－25 F80；
G91 G03 X－25 Y25 I0 K25 F80；

小圆弧 AB 编程：

G90 G03 X0 Z25 R25 F80；
G90 G03 X0 Z25 I－25 K0 F80；

G91 G03 X−25 Z25 R25 F80；
G91 G03 X−25 Z25 I−25 K0 F80；

5）刀具半径补偿功能（G40、G41、G42）

编程时，通常都将车刀刀尖作为一点来考虑，但实际上刀尖处存在圆角，如图 3-13 所示。当用按理论刀尖点编出的程序进行端面、外径、内径等与轴线平行或垂直的表面加工时是不会产生误差的。但在进行倒角、锥面及圆弧切削时，则会产生少切或过切现象，如图 3-14 所示。为避免这种现象的发生，就需要使用刀尖圆弧自动补偿功能。

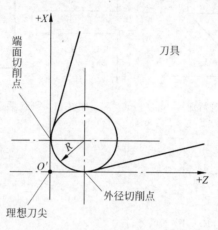

图 3-13　车刀刀尖

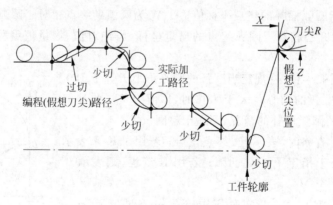

图 3-14　刀尖圆弧引起的过切和少切现象

具有刀尖圆弧自动补偿功能的数控系统能根据刀尖圆弧半径计算出补偿量，避免少切或过切现象的产生。利用机床自动进行刀尖半径补偿时，需要使用 G40、G41、G42 指令。

G41：刀尖圆弧半径左补偿（左刀补）。顺着刀具运动方向看，刀具在工件左侧，如图 3-15 所示。

G42：刀尖圆弧半径右补偿（右刀补）。顺着刀具运动方向看，刀具在工件右侧，如图 3-15 所示。

G40：取消刀尖圆弧半径补偿，也可用 T__00 取消刀补，刀尖运动轨迹与编程轨迹一致。

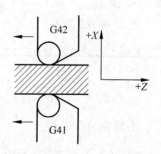

图 3-15　刀具半径补偿

在实际加工中,刀尖圆弧半径自动补偿功能的执行分为以下几步。

(1) 建立刀具补偿。刀具中心轨迹由 G41、G42 确定,在原来编程轨迹基础上增加或减小一个刀尖半径值。

(2) 进行刀具补偿。在刀具补偿期间,刀具中心轨迹始终偏离工件一个刀尖半径值。

(3) 撤销刀具补偿。刀具撤离工件,补偿取消,与建立刀尖半径补偿一样,刀具中心轨迹要比程序轨迹增加或减小一个刀尖半径值。

刀具半径补偿的建立和取消是在刀具运动过程中形成的,其指令格式为:

G42/G41 G00 X(U)__ Z(W)__;

或

G42/G41 G01 X(U)__ Z(W)__ F __;

取消刀补:

G40 G00/G01 X(U)__ Z(W)__ F __;

在使用时应注意以下几点。

(1) 刀具补偿的设定和取消指令只能在位移移动指令 G00、G01 中进行,不应在 G02、G03 圆弧轨迹程序上实施。设定和取消刀径补偿时,刀具位置的变化是一个渐变的过程。

(2) 若输入刀补数据时给的是负值,则 G41、G42 互相转化,G41、G42 指令不能重复规定,否则会产生一种特殊补偿。

(3) G40、G41、G42 指令为模态指令,G40 为默认值。要改变刀尖半径补偿方向,必须先用 G40 指令解除原来的左刀补或右刀补状态。

(4) 当刀具磨损、重新刃磨或更换新刀具后,刀尖半径发生变化,这时只需在刀具偏置输入界面中改变刀具参数的 R 值,而不需修改已编好的加工程序。

(5) 可以用同一把刀尖半径为 R 的刀具按相同的编程轨迹分别进行粗、精加工。设精加工余量为 Δ,则粗加工的刀具半径补偿量为 $R+\Delta$,精加工的补偿量为 R。

(6) 采用刀径补偿,可加工出准确的轨迹尺寸形状。如果使用不合适的刀具,如右偏刀换成左偏刀,则会严重影响工件的加工质量,因此为使系统能正确计算出刀具中心的实际运动轨迹,除要给出刀尖圆弧半径 R 以外,还要给出刀具的理想刀尖位置号 T。各种刀具的理想刀尖位置号如图 3-16 所示。在设置刀尖圆弧自动补偿值时,还要设置刀尖圆弧位置编码。

编程实例:应用刀尖圆弧自动补偿功能加工图 3-17 所示的零件。

```
刀尖位置编码: 3
O1111;
G54 X40.0 Z10.0 T0101;
M03 S400;
G00 X40.0 Z5.0;
G00 X0.0;
G42 G01 Z0 F0.6;(加刀补)
G03 X24.0 Z-24.0 R15.0;
G02 X26.0 Z-31.0 R5.0;
G40 G00 X30.0;(取消刀补)
G00 X45.0 Z5.0;
M30;
```

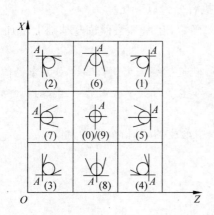
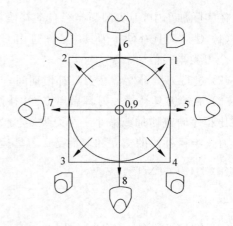

图 3-16 理想刀尖位置及其确定

6）固定循环

固定循环是预先给定一系列操作，用来控制机床位移或主轴运转，从而完成各项加工。对非一刀加工完成的轮廓表面（包括外圆柱面、内孔面），即加工余量较大的表面，采用循环编程，可以缩短程序段的长度，减小程序所占内存。

（1）单一固定循环。单一固定循环可以将一系列连续加工动作，如"切入—切削—退刀—返回"，用一个循环指令完成，从而简化程序。

① 圆柱面切削循环 G90。外圆切削循环指令格式：

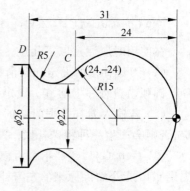

图 3-17 加工实例

G90 X(U)＿ Z(W)＿ F ＿；

说明：X、Z 表示圆柱面切削的终点坐标值；U、W 表示圆柱面切削的终点相对于循环起点坐标分量。

刀具路径如图 3-18 所示，刀具从循环起点开始按矩形移动，最后又回到循环起点完成一次循环切削。X(U)、Z(W)为车削循环中车削进给路径的终点坐标，在使用增量值指令时，U、W 数值符号由刀具路径方向来决定。在循环加工过程中，除切削加工时刀具按 F 指令速度运动外，刀具在切入、退出工件和返回起始点都是快速进给速度（G00 指令的速度）进行的。当工件毛坯的轴向余量比径向多，且对零件的径向尺寸要求精度较高时，应选用 G90 指令。

编程实例：如图 3-19 所示，加工中背吃刀量为 2.5mm，2.5mm，2mm，0.5mm，其加工程序如下。

```
O0100;
G50 X100.0 Z100.0 T0101 M03 S1000;
G00 X55.0 Z2.0;
G90 X45.0 Z－25.0 F0.2;
X40.0;
```

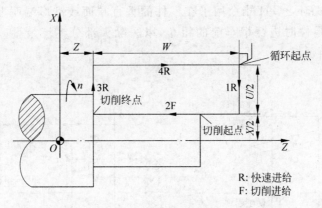

图 3-18　圆柱面切削循环

X36.0;
X35.0;
G00 X100.0 Z100.0;
M30;

② 锥面切削循环。指令格式：

G90 X(U)＿ Z(W)＿ R＿ F＿;

说明：R 表示圆锥面切削的起点相对于终点的半径差。如果切削起点的 X 向坐标小于终点的 X 向坐标，R 值为负，反之为正。刀具路径如图 3-20 所示。

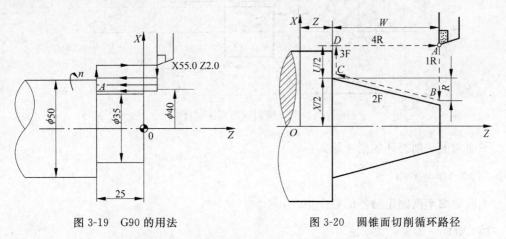

图 3-19　G90 的用法　　　　　　　图 3-20　圆锥面切削循环路径

编程实例：应用圆锥面切削循环功能加工图 3-21 所示零件，其数控程序如下：

O0100;
G50 X100.0 Z100.0 T0101 M03 S1000;
G00 X65.0 Z2.0;
G90 X60 Z－35.0 R－5.0 F0.2;
X50.0;
G00 X100.0 Z100.0;
M30;

③ 端面切削循环。G94 指令用于在零件的垂直端面或锥形端面上毛坯余量较大或直接从棒料车削零件时进行精车前的粗车,以去除大部分毛坯余量。刀具切削路径如图 3-22、图 3-23 所示。

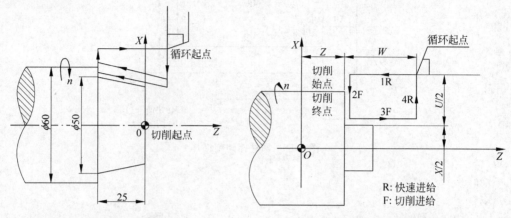

图 3-21 圆锥面切削循环应用　　　　　　图 3-22 端面切削循环

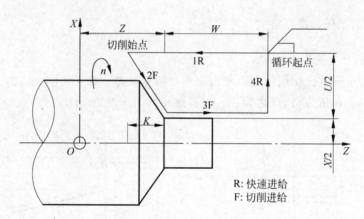

图 3-23 锥面端面切削循环

平面端面切削循环的指令格式:

G94 X(U)＿Z(W)＿F＿;

锥形端面车削固定循环的指令格式:

G94 X(U)＿Z(W)＿R＿F＿;

端面车削固定循环指令各参数的意义同外圆车削固定循环指令 G90,在此不作更多的解释。

编程实例:应用端面切削循环功能加工图 3-24 所示零件。其加工指令如下。

```
...
G94 X15.0 Z33.48 R－3.48 F50.0 ;
Z31.48;
Z28.78;
...
```

（2）复合固定循环。

复合固定循环又称为多重固定循环。使用 G90、G94 指令已经使程序简化，但在数控车床上加工零件毛坯通常需要多次重复切削，加工余量较大。利用复合固定循环，只要编出最终走刀路线，给出每次切削的背吃刀量或切削全部余量的走刀次数，数控系统便可以自动计算出加工刀具的路径，从而完成从粗加工到精加工的全部过程。

① 外圆粗切循环 G71。该指令适用于圆柱毛坯料粗车外径和圆筒毛坯料粗车内径时，需切除大部分加工余量，且对零件的径向尺寸要求较高的情况，其切削路径都平行于 Z 轴，所以该指令又称为轴向走刀粗车循环。该指令适用于外圆柱面需多次走刀才能完成的粗加工，如图 3-25 所示。

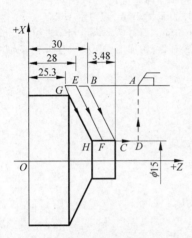

图 3-24　G94 锥面切削循环用法

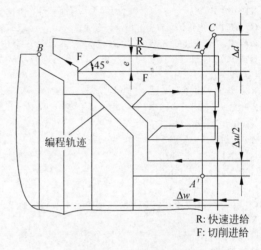

R: 快速进给
F: 切削进给

图 3-25　外圆粗车循环

外圆粗车循环的编程格式：

G71 U(Δd) R(e);
G71 P(ns) Q(nf) U(Δu) W(Δw) F(f) S(s) T(t);

式中：Δd——每次背吃刀深度（半径值，又称为切深，无正负号）；

　　　e——退刀量，无正负号，半径值；

　　　ns——精加工轮廓程序段中开始程序段的段号；

　　　nf——精加工轮廓程序段中结束程序段的段号；

　　　Δu——径向（X 轴方向）的精加工余量（直径值）；

　　　Δw——轴向（Z 轴方向）的精加工余量；

f、s、t——粗切时的进给速度、主轴转速、刀具选择与刀补设定。

使用 G71 编程时的说明如下：

G71 程序段本身不进行精加工，粗加工是按后续程序段 $ns \sim nf$ 给定的精加工编程轨迹，沿平行于 Z 轴方向进行。

G71 程序段不能省略除 F、S、T 以外的地址符。G71 程序段中的 F、S、T 只在循环时有效，精加工时处于 ns 到 nf 程序段之间的 F、S、T 有效。

循环中的第一个程序段（即 ns 段）必须包含 G00 或 G01 指令，即 $A \rightarrow A'$ 的动作必须是直线或点定位运动，但不能有 Z 轴方向上的移动。

ns 到 nf 程序段中,不能包含有子程序,不能使用固定循环指令。

G71 循环时可以进行刀具位置补偿,但不能进行刀尖半径补偿。因此在 G71 指令前必须用 G40 取消原有的刀尖半径补偿。在 ns 到 nf 程序段中可以含有 G41 或 G42 指令,对精车轨迹进行刀尖半径补偿。

零件轮廓必须符合 X 轴、Z 轴方向同时单调增大或单调减小,即不可有内凹的轮廓形状。

编程实例:应用外圆粗车循环加工图 3-26 所示工件,其数控程序如下。

```
O0002;                              (粗加工)
G00 G40 G97 G99 M03 S800 T0101 F0.2;
X122.0 Z2.0;                        (快速运动到粗车循环起点)
G71 U1.5 R1.0;                      (粗车循环背吃刀量 1.5mm,退刀量 1mm)
G71 P10 Q11 U0.3 W0.03 F0.2;        (精车余量 X 向 0.3mm,Z 向 0.03mm,粗车进给 0.2mm/r)
N10 G00 G42 X40.0;                  (引入刀具半径补偿,精加工程序段只有 X 向移动)
G01 Z-30.0;
X60.0 Z-60.0;
Z-80.0;
X100.0 Z-90.0;
Z-110.0;
N11 X120.0 Z-130.0;                 (精加工程序段结束段号)
G00 X150.0 Z100.0;
M05;
G00 G40 G97 G99 T0102 M03 S1000 F0.1; (换 2 号刀补)
X122.0 Z2.0;
G70 P10 Q11;                        (精加工循环)
G00 X150.0 Z150.0;
M30;
```

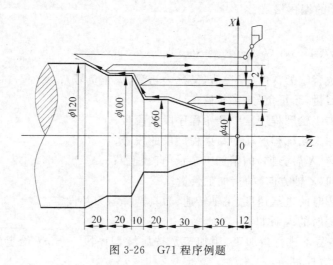

图 3-26　G71 程序例题

② 端面粗切循环 G72。端面粗切循环是一种复合固定循环。端面粗切循环适于 Z 向加工余量小,X 向加工余量大的棒料粗加工,如图 3-27 所示。

编程格式：

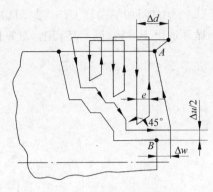

G72 U(Δd) R(e)；

G72 P(ns) Q(nf) U(Δu) W(Δw) F(f) S(s) T(t)；

式中：Δd——Z向背吃刀量；

e——退刀量；

ns——精加工轮廓程序段中开始程序段的段号；

nf——精加工轮廓程序段中结束程序段的段号；

Δu——径向（X轴方向）的精加工余量（直径值）；

Δw——轴向（Z轴方向）的精加工余量；

f、s、t——粗切时的进给速度、主轴转速、刀具选择

与刀补设定。

图 3-27 端面粗车循环

注意：G72 指令与 G71 指令的区别仅在于切削方向平行于 X 轴，在 ns 程序段中不能有 X 方向的移动指令，其他的相同。

编程实例：应用端面粗车循环加工图 3-28 所示工件，其数控程序如下：

```
O0100；
G00 G40 G97 G99 M03 S600 T0101 F0.2；
X162.0 Z132.0；
G72 W2.0 R0.5；
G72 P10 Q20 U0.6 W0.2 F0.1；
N10 G00 G41 Z60.0 S800；                （轮廓程序段开始程序段）
G01 X160.0 F0.05；
X120.0 Z70.0；
Z80.0；
X80.0 Z90.0；
Z110.0；
X40.0 Z130.0；
N20 G40 X36.0 Z132.0；                  （轮廓程序段结束程序段）
G70 P10 Q20 ；
M30；
```

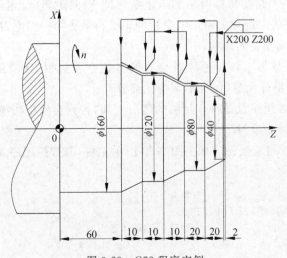

图 3-28 G72 程序实例

③ 封闭切削循环 G73。封闭切削循环是一种复合固定循环,如图 3-29 所示。封闭切削循环适用于对铸、锻毛坯切削,对零件轮廓的单调性则没有要求。

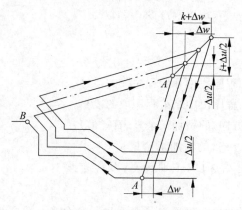

图 3-29　封闭环切削循环

编程格式:

G73 U(i) W(k) R(d);

G73 P(ns) Q(nf) U(Δu) W(Δw) F(f) S(s) T(t) ;

式中:i——X 轴向总退刀量;

　　　k——Z 轴向总退刀量(半径值);

　　　d——重复加工次数;

　　　ns——精加工轮廓程序段中开始程序段的段号;

　　　nf——精加工轮廓程序段中结束程序段的段号;

　　　Δu——径向(X 轴方向)的精加工余量(直径值);

　　　Δw——轴向(Z 轴方向)的精加工余量;

f、s、t——粗切时的进给速度、主轴转速、刀具选择与刀补设定。

使用说明:

i 可以理解为第一刀路线与保留精加工余量之间 X 向距离(总退刀量半径值);i 在数值上等于 X 向最大切削余量减去精加工余量的 1/2 再减去第一刀吃刀量(半径量)。

毛坯不受零件单调变化的影响。

G73 是仿形加工,故加工棒料毛坯时会有较多的空刀行程,影响加工效率。故常常用 G71 或 G72 先切除大部分余量(仅含单调变化部分)。

G73 加工内孔时必须注意是否有足够的退刀空间,否则会发生碰撞。

G73 指令精加工路线应封闭。

编程实例:应用封闭切削循环加工图 3-30 所示工件,其数控程序如下。

O0100;

N1;　　　　　　　　　　　　　　　(粗加工)

G00 G40 G97 G99 M03 S600 T0101 F0.2;

X52.0 Z4.0;　　　　　　　　　　(快速到达循环起点)

G73 U15.0 W0.0 R11; (15 的算法,15＝50/2－18/2－0.5/2－0.75)

G73 P10 Q20 U0.5 W0.2;

N10 G00 G42 X0.0;　　　　　　　　　　（精加工第一段,引入刀补）

G01 Z0.0;

X18.0;

G03 X30.0 Z−6.0 R6.;

G01 Z−15.0;

G02 X40.0 Z−23.0 R12.7;

G01 Z−29.0;

G03 X40.0 Z−44.0 R18.0;

G01 Z−50.25;

N20 X50.0;　　　　　　　　　　　　　（精加工最后一段）

G00 X100.0 Z100.0;

M05;

N2;　　　　　　　　　　　　　　　　　（精加工）

G00 G40 G97 G99 M03 S1000 T0202 F0.1;

X52.0 Z4.0;

G70 P10 Q20;

G00 X100.0 Z100.0;

M30;

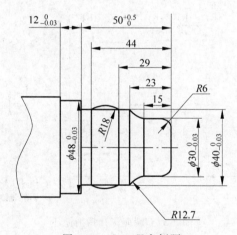

图 3-30　G73 程序例题

④ 精加工循环。由 G71、G72、G73 完成粗加工后,可以用 G70 进行精加工。精加工时,G71、G72、G73 程序段中的 F、S、T 指令无效,只有在 $ns\sim nf$ 程序段中的 F、S、T 才有效。精车时的加工量是粗车循环时留下的精车余量,加工轨迹为工件的轮廓线。

编程格式:

G70 P(ns) Q(nf) ;

式中:ns——精加工轮廓程序段中开始程序段的段号;

　　　nf——精加工轮廓程序段中结束程序段的段号。

⑤ 深孔钻循环。端面深孔钻循环也称为纵向切削固定循环,可用于端面纵向断续切削,但实际多用于深孔钻削加工,如图 3-31 所示。

编程格式:

G74 R(e) ;

G74 X(U)__ Z(W)__ P(Δi)Q(Δk)R(Δd)F(f);

式中：e——退刀量；

    X——B 点 X 坐标；

    U——A→B 增量值；

    Z——C 点的 Z 坐标；

    W——A→C 的增量值；

  Δi——X 方向的移动量（无符号指定）；

  Δk——Z 方向的切削量（无符号指定）；

  Δd——切削到终点时的退刀量；

    f——进给速度。

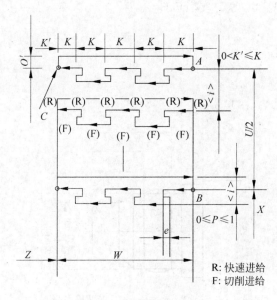

图 3-31　端面深孔钻削循环

如果 X(U)和 P(Δi)都被忽略，则只在 Z 向钻孔。

⑥ 外径/内径钻孔循环。该指令与 G74 指令动作相似，只是切削方向旋转 90°，这种循环可用于断屑切削。如果将 Z(W)和 Q(Δk)省略，则 G75 可实现 X 轴向切槽、X 轴向排屑钻孔。其动作指令如图 3-32 所示。

编程格式：

G75 R(e)；
G75 X(U)__ Z(W)__ P(Δi)Q(Δk)R(Δd)F(f)；

式中各参数的意义同 G74。

7）螺纹切削指令

（1）准备知识。

旋向（一般为右旋）：螺纹的旋转方向称为旋向。将外螺纹轴线垂直放置，螺纹可见部分是右高左低称为右螺纹。（左右手定则：拇指朝上，其他四指表示旋向。另补充拇指指向旋入方向），如图 3-33 所示。

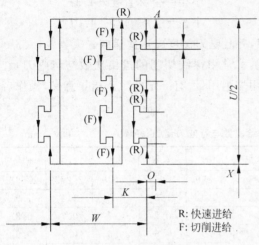

R: 快速进给
F: 切削进给

图 3-32　外径钻孔循环

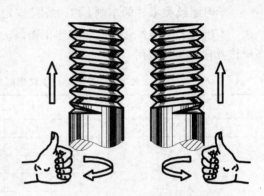

图 3-33　螺纹旋向判断

牙型角(一般为 60°):在螺纹轴线的剖面上,螺纹的轮廓形状称为牙型。在螺纹牙型上,两相邻牙侧面间的夹角称为牙型角。

螺纹直径(大径、小径、中径):大径为与外螺纹牙顶、内螺纹牙底相重合的假想的柱面或锥面的直径;小径为与外螺纹牙底、内螺纹牙底相重合的假想的柱面或锥面的直径;中径为素线上的牙宽和槽宽相等的假想柱面的直径。

线数(单线、双线、多线):沿一条螺旋线所形成的螺纹称为单线螺纹;沿两条或两条以上轴向等距分布的螺旋线所形成的螺纹称为多线螺纹。

螺距与导程:螺距为相邻两螺牙对应点间的轴向距离用 P 表示。导程为任一点绕轴线一周后所移动的轴向距离为导程用 S 表示。$S=NP$,N 为线数。若为单线螺纹刚螺距与导程值相等。

螺纹的牙型、直径、螺距、线数和旋向称为螺纹的五要素。

(2) 螺纹的编程指令。

① (简单)螺纹车削指令(G32)。该指令用于车削等螺距直螺纹、锥螺纹。

编程格式:

G00 X __ Z __;
G32 X(U)__ Z(W)__ F __;

说明:X(U)、Z(W)是螺纹终点坐标;F 是螺纹螺距。

该指令的使用说明如下。

a. 主轴转向。加工右旋螺纹时(刀具自右向左加工时)采用主轴正转即 M03,从主轴箱向主轴看去顺时针转动为正转。

b. 进刀方式。直进法:导程小于 4mm 的螺纹加工使用指令 G32、G92。斜进法:导程大于 4mm 的螺纹加工使用指令 G76。

c. 螺纹大径小径计算方法。因螺纹加工时刀具与工件之间有挤压力,故使加工出来的螺纹直径偏大不宜配合,故实际加工时一般采取经验值。

外螺纹：大径＝公称直径－0.1P　　　　　　　小径＝公称直径－1.3P

内螺纹：大径＝公称直径　　　　　　　　　　小径＝公称直径－1.0P

d. 吃刀深度的确定需要考虑分成几次进刀，并且吃刀深度应逐次递减。

学习螺纹类零件的车削加工方法，首先应熟悉常用螺纹切削的进给次数与背吃刀量。表3-4列出了使用普通螺纹车刀车削螺纹的常用切削用量，有一定的生产指导意义，操作者应该熟记并学会应用。

表 3-4　常用公制螺纹切削的进给次数与背吃刀量（直径值）　　　　单位：mm

螺　距		1.0	1.5	2.0	2.5	3.0	3.5	4.0
牙　深		0.649	0.974	1.299	1.624	1.949	2.273	2.598
背吃刀量及切削次数	1 次	0.7	0.8	0.9	1.0	1.2	1.5	1.5
	2 次	0.4	0.6	0.6	0.7	0.7	0.7	0.8
	3 次	0.2	0.4	0.6	0.6	0.6	0.6	0.6
	4 次		0.16	0.4	0.4	0.4	0.6	0.6
	5 次			0.1	0.4	0.4	0.4	0.4
	6 次				0.15	0.4	0.4	0.4
	7 次					0.2	0.2	0.4
	8 次						0.15	0.3
	9 次							0.2

e. 引入距离与超越距离。不完全螺纹概念：螺距由 0 变为 F 时或由变为 0 时，由于数控机床伺服系统滞后，主轴加速和减速过程中均需要时间，在此时间段内加工的螺纹螺距不为准确值 F，称为不完全螺纹。

为避免出现不完全螺纹在工件中出现，需要加引入距离与超越距离，使不完全螺纹出现在引入距离与超越距离中，从而使实际加工出的螺纹均为合格螺纹。引入距离一般为大于3 个螺距即可；超越距离一般大于 1 个螺距即可。

f. 螺纹刀对刀。Z 向可以不是非常准确，原因是即使存在一点误差也会出现在引入距离与超越距离中从而不影响加工螺纹部分的精度。

G32 指令能够切削圆柱螺纹、圆锥螺纹、端面螺纹（涡形螺纹），实现刀具直线移动，并使刀具的移动和主轴旋转保持同步，即主轴转一转，刀具移动一个导程。

编程实例：试编写图 3-34 所示螺纹的加工程序（M30×2，引入距离 δ_1＝4mm，超越距离 δ_2＝2mm）。

加工余量计算方法：螺纹总切削余量就是螺纹大径尺寸减去小径尺寸，即牙深 h 的两倍。牙深 h 计算公式为

$$h = 0.6495 \times P（螺距）$$

则需要切除的总余量是

$$2 \times 0.6495 \times P = 1.299P = 1.299 \times 2 = 2.598\text{mm}$$

编程计算：

小径值 30－2.598＝27.402mm

按表所给数据计算坐标值。

程序编制：

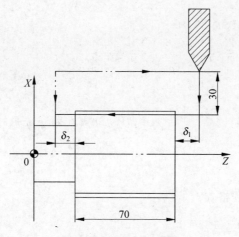

图 3-34　G32 加工实例

...

G00 X29.1 Z4 M03 S600;	(第一刀起点,切深 0.9mm,导入空行程 4mm)
G32 Z－72.0 F2.0;	(切削至退刀槽,导出空行程 2mm)
G00 X32.0;	(X 向退刀)
Z4.0;	(Z 向退刀)
X28.5;	(第二刀起点,切深 0.6mm)
G32 Z－72.0 F2.0;	(切削至退刀槽)
G00 X32.0;	
Z4.0;	
X27.9;	
...	
X27.42;	
G00 X60.0;	
...	

② 螺纹切削循环指令 G92。适用于对直螺纹和锥螺纹进行循环切削,每指定一次,螺纹切削自动进行一次循环。

a. 直螺纹切削的编程格式:

G00 X ＿ Z ＿ ;
G92 X(U)＿ Z(W)＿ F ＿;

轨迹与 G90 直线车削循环类似。适用于加工内外表面等螺距螺纹。其中 X、Z 为每刀车削螺纹终点的坐标值,F 为螺纹导程。单线螺纹中导程和螺距相等。

编程实例:直螺纹公称直径为 M20,螺距为 1.5mm,螺纹长为 20mm。

加工余量:

$1.3P = 1.3 \times 1.5 = 1.95$

小径尺寸:$20 - 1.95 = 18.05$

背吃刀量及切削次数:可以分 4 次切削。

0.9　0.6　0.35　0.1

程序如下:

```
O0100;
G00 G40 G97 G99 M03 S500   T0303;
X22.0 Z5.0;                        (含引入距离)
G92   X19.1 Z-21.5   F1.5;         (含超越距离)
      X18.5;
      X18.15;
      X18.05;
      X18.05;                      (多循环一次去掉因挤压造成的伸长量)
G00   X100.0   Z100.0;
M05;
M30;
```

b. 锥螺纹切削的编程格式：

G92 X(U)__ Z(W)__ R__ F__;

其轨迹与 G90 锥体车削循环类似。

加工锥螺纹时，R 表示螺纹的锥度，为圆锥螺纹起点半径与终点半径之差（判别方法：螺纹起点半径大于终点半径其值为正，螺纹起点半径小于终点半径其值为负）或表示为螺纹加工起点相对终点在 X 坐标轴上的矢量。

注意：起点与终点均应包含引入距离与超越距离部分。

编程实例：使用 G92 指令编写如图 3-35 所示工件程序。

```
G00 X80.0 Z62.0;
G92 X49.6 Z12.0 R-5.0 F2;
   X48.7   R-5.0;
   X48.1   R-5.0;
   X47.5   R-5.0;
   X47.0   R-5.0;
G00 X100.0 Z100.0;
   ...
```

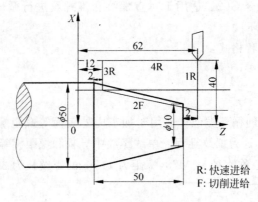

R: 快速进给
F: 切削进给

图 3-35 锥螺纹编程实例

③ 螺纹切削复合循环 G76。G76 编程同时用两条指令定义，其刀具轨迹如图 3-36 所示。

其格式为：

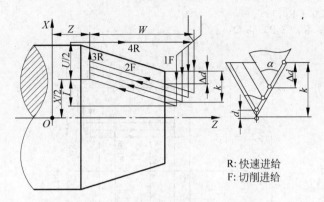

图 3-36　复合螺纹切削循环与进刀法

G76 P(m) $(r)(\alpha)$ Q($\Delta_{d\min}$)　R(d) ;
G76 X(U)__ Z(W)__ R(i)　P(k)　Q(Δd)　F(L)

说明：

m 是精车重复次数，从 01～99，该参数为模态量；

r 是螺纹尾端倒角值（螺纹收尾），该值的大小可设置在 0.0～9.9L 之间，系数应为 0.1 的整数倍，用 00～99 之间的两位整数来表示，其中 L 为螺距，该参数为模态量。

α 是刀具角度，可从 80°、60°、55°、30°、29°、0° 六个角度中选择，用两位整数来表示，该参数为模态量。

m、r、α 用地址 P 同时指定，例如，$m=2$，$r=1.2L$，$a=60°$，表示为 P021260。

$\Delta_{d\min}$ 是最小车削深度，用半径值编程，单位 μm，该参数为模态量。

d 是精车余量，用半径值编程，单位 μm，该参数为模态量［G71、G72 指令中 R(d)指 X 或 Z 方向退刀量。G73 中 R(d)指粗车削循环次数］。

X(U)、Z(W) 是螺纹终点坐标值。

i 是螺纹锥度值，用半径值编程，即 $i=R_{右}-R_{左}$，有正负号。若 R=0，则为直螺纹，可省略。

k 是螺纹高度，用半径值编程，单位 μm。

Δd 是第一次车削深度，半径值编程，单位 μm。

k、Δd 的数值应以无小数点形式表示。

G76 P010060 Q100 R50;
G76 X18.052 Z-22. P975 Q500 F1.5;

P010060：精加工一次，倒角量 0，60° 三角螺纹；Q100：最小切削深度 0.1mm（半径值）；R50：精加工余量 0.05mm（半径值）；P975：螺纹高度即牙深为 0.975mm；Q500：第一刀切深量为 0.5mm（半径）。

G76 一般采用斜进式切削方法。由于为单侧刃加工，加工刀刃容易损伤和磨损，使加工的螺纹面不直，刀尖角发生变化，造成牙型精度较差。但刀具负载较小，排屑容易，并且切削深度为递减式，因此，此加工方法一般适用于大螺距螺纹的加工。

编程实例：试编写图 3-37 所示圆柱螺纹的加工程序，螺距为 6mm。

G76 P0212 60 Q0.1 R0.1;
G76 X60.64 Z23.R0 F6 P3.68 Q1.8;

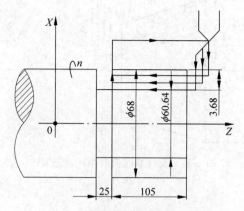

图 3-37 复合螺纹切削循环应用

综合实例：采用所学指令编制图 3-38 所示工件的加工编制程序。毛坯直径为 30mm，长度 150mm。

O0100;
N1;
G00 G40 G97 G99 T0101 M03 S800 F0.15;
X34.0 Z3.0;
G71 U1.5 R0.5;
G71 P10 Q11 U0.3 W0.1;
N10 G01 G42 X0.0;
Z0.0;
G03 X12.0 Z−6.0 R6.0;
G01 Z−11.0;
X14.0;
X15.9 Z−12.0;
Z−27.0;
X22.0 Z−39.0;
Z−46.0;
G02 X28.0 Z−49.0 R3.0;
G01 Z−65.0;
X32.0;
N11 G40 X34.0;
G00 X100.0;
Z100.0;
M05;
M00;
N2;
G00 G40 G97 G99 T0202 M03 S800 F0.08;
X34.0 Z3.0;
G70 P10 Q11;
G00 X100.0;
Z100.0;

M05;

M00;

N3;

G00 G40 G97 G99 T0303 M03 S800 F0.08;

G00 X26.0 Z2.0;

G01 Z－27.0 F0.5;

G01 X12.0 F0.08;

G04 X2.0;（暂停指令,格式: G04X 或 G04U 或 G04P,其中 X、U 单位为 s,P 后面数字不能跟小数点,单位为 ms）

X26.0 F0.5;

G00 X100.0;

Z100.0;

M05;

M00;

N4;

G00 G40 G97 G99 T0404 M03 S400;

X18.0 Z－5.0;

G92 X15.4 Z－23.0 F1.0;

X15.0;

X14.8;

X14.7;

X14.7;

G00 X100.0;

Z100.0;

M05;

N5;

G00 G40 G97 G99 T0303 M03 S400 F0.1;

X32.0 Z2.0;

G01 Z－65.0 F0.5;

X1.0 F0.05;

X32.0 F0.5;

G00 X100.0;

Z100.0;

M05;

M30;

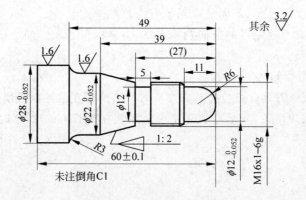

图 3-38　综合实例工件图

四、数控铣床及加工中心程序的编制

1. 数控铣床基本指令

与数控车床编程功能相似,数控铣床的编程功能指令也分为准备功能和辅助功能两大类。准备功能主要包括快速定位、直线插补、圆弧或螺旋线插补、暂停、刀具补偿、缩放和旋转加工、零点偏置和刀具补偿等;辅助功能主要包括主轴启停、换刀、冷却液开关等。

1) 工件零点设定指令 G54～G59

指令格式:

G54 G90 G00 (G01) X__ Y__ Z__(F__);

该指令执行后,所有坐标值指定的坐标尺寸都是选定的工件加工坐标系中的位置。

2) 转移坐标系指令 G92

指令格式:

G92 X__ Y__ Z__;

G92 指令是转移工件坐标系坐标原点的指令,工件坐标系坐标原点又称为程序零点,坐标值 X、Y、Z 为刀具刀位点在工件坐标系中(相对于程序零点)的初始位置。执行 G92 X0 Y0 Z0 指令时,刀具当前所处位置为新的编程原点,执行中刀具不动作,即 X、Y、Z 轴均不移动。

例如:G92 X20.0 Y10.0 Z10.0;

其确立的加工原点在距离刀具起始点 $X=-20$,$Y=-10$,$Z=-10$ 的位置上,如图 3-39 所示。

3) 绝对值输入指令 G90、增量值输入指令 G91

G90 指令规定在编程时按绝对值方式输入坐标,即移动指令终点的坐标值 X、Y、Z 都是以工件坐标系坐标原点(程序零点)为基准来计算。

G91 指令规定在编程时按增量值方式输入坐标,即移动指令终点的坐标值 X、Y、Z 都是以起始点为基准来计算,再根据终点相对于起始点的方向判断正负,与坐标轴同向取正,反向取负。

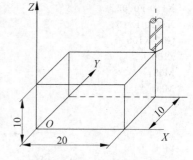

图 3-39 G92 设置加工坐标系

4) 快速点定位指令 G00

G00 指令用于命令刀具以点位控制方式从刀具当前所在位置以最快速度移动到下一个目标位置。它只是快速定位,无运动轨迹要求。系统在执行 G00 指令时,刀具不能与工件产生切削运动。

指令格式:

G00 X__ Y__ Z__;

可以在 G00 指令后面使用的地址有 X、Y、Z、A、B、C、U、V 和 W。G00 指令后面的坐标值 X、Y、Z 可以是绝对值也可以是增量值。当机床执行包含有 G00 指令的程序段时,机床各坐标轴分别按各自的快速移动速度移动到定位点,所以在执行 G00 指令时,刀具的运动轨迹不一定是直线,有时可能是折线。

5) 直线插补指令 G01

G01 指令是直线插补指令,它使机床进行两坐标(或两坐标以上)联动的运动,在各个坐标平面内切削出任意斜率的直线。

指令格式:

G01 X __ Y __ Z __ F __ ;

X、Y 表示目标点坐标;F 表示进给速度。

G01 指令是用来指令机床作直线插补运动的。G01 指令后面的坐标值,取绝对值还是取增量值由系统当时的状态是 G90 状态还是 G91 状态决定,进给速度用 F 代码指定。F 代码是模态指令,可以用 G00 取消。如果在 G01 程序段之前的程序段中无 F 指令,同时在当前包含有 G01 指令的程序段中又没有 F 指令,则机床不运动。

G01 编程实例:如图 3-40 所示,试用绝对值编程方式编程。

按绝对值编程方式:

```
%0001;                                  (程序名)
N01  G92  X0  Y0;                       (坐标系设定)
N10  G90  G00  X10.0 Y12.0 S600  T01  M03;
                                        (快速移至 A 点,主轴正转,1 号刀,转速 600r/min)
N20  G01  Y28.0  F100;                  (直线进给 A→B,进给速度 100mm/min)
N30       X42.0;                        (直线进给 B→C,进给速度不变)
N40       Y12.0;                        (直线进给 C→D,进给速度不变)
N50       X10.0;                        (直线进给 D→A,进给速度不变)
N60  G00  X0  Y0;                       (返回原点 O)
N70  M05;                               (主轴停止)
N80  M02;                               (程序结束)
```

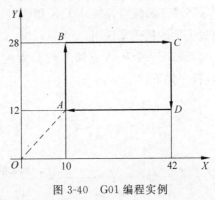

图 3-40　G01 编程实例

直线插补指令 G01,一般作为直线轮廓的切削加工运动指令,有时也用作很短距离的空行程运动指令,以防止 G00 指令在短距离高速运动时可能出现的惯性过冲现象。

G00 指令和 G01 指令使用注意事项如下。

(1) 建议不在 G00 指令后面同时指定三个坐标轴,先移动 Z 轴,然后再移动 X 轴、Y 轴,如:

G00 Z100.0;
G00 X0 Y0;

(2) 有些数控系统要求在执行 G01 指令之前,必须用 S 指令和 M 指令指定主轴的旋转方向和转速,否则数控机床不产生任何运动。

(3) 在使用 G01 指令时必须指定 F 代码,否则数控系统会发出报警。

6) 圆弧插补指令 G02、G03

G02、G03 为圆弧插补指令,该指令的功能是使机床在给定的坐标平面内进行圆弧插补运动。圆弧插补指令首先要指定圆弧插补的平面,插补平面由 G17、G18、G19 选定。圆弧插补有两种方式,一是顺时针圆弧插补,二是逆时针插补。编程格式有两种,一种是 I、J、K 格式,另一种是 R 格式。铣床及加工中心圆弧插补判断与车床相同。

指令格式:

G02　X __ Y __ I __ J __ F __;或 G02　X __ Y __ R __ F __;
G03　X __ Y __ I __ J __ F __;或 G03　X __ Y __ R __ F __;

X、Y 为圆弧终点坐标值。在绝对值编程 G90 方式下,圆弧终点坐标是绝对坐标尺寸;在增量值编程 G91 方式下,圆弧终点坐标是相对于圆弧起点的增量值。I、J 表示圆弧圆心相对于圆弧起点在 X、Y 方向上的增量坐标。I、J、K 表示圆弧起点到圆心的距离在 X、Y、Z 轴上的投影;I、J、K 的方向与 X、Y、Z 轴的正负方向相对应。

(1) I、J、K 指令的使用。

按照 I、J、K 具体的使用方法加工图 3-41 所示的图形,刀具的起始点在 A 点,圆弧半径为 $R30$,圆弧中心的坐标为 $(10,10)$,数控程序如下。

绝对值方式编程:

G90 G03 X20.0 Y40.0 I−30.0 J−10.0 F100 ;

其中 I−30.0 J−10.0 是 A 点(圆弧起点)到圆弧中心的矢量在 X、Y 方向上的分量。

增量值方式编程:

G91 G03 X−20.0 Y20.0 I−30.0 J−10.0 F100;

其中 I−30.0 J−10.0 是 A 点(圆弧起点)到圆弧中心的矢量在 X、Y 方向上的分量。

从上面的例子可以看出在切削圆弧时,无论是在 G90 状态,还是在 G91 状态下,I、J 的数值都使用增量值。K 的使用方法和 I、J 使用方法相同。

(2) 圆弧半径 R 指令。

当进行圆弧插补时,I、J、K 指令可以直接用半径指令 R 来代替,其指令格式及使用方法通过下面的例子来说明。

要加工一个从 A 点加工到 B 点的圆弧,如图 3-42 所示,其中圆弧半径用 R 指令来指定,程序如下。

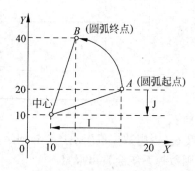

图 3-41　I、J、K 指令的使用

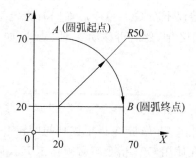

图 3-42　圆弧半径 R 指令的使用

绝对值方式编程：

G90 G02 X70 Y20 R50 F100;

X70 Y20 是 B 点的坐标值，R50 为圆弧半径。

增量值方式编程：

G91 G02 X50 Y−50 R50 F100 ;

X50 Y−50 是 A 点到 B 点的坐标增量，R50 为圆弧半径。

（3）整圆插补时 I、J、K 的使用。

进行整圆插补时，编程时必须使用 I、J、K 指令来指定圆弧中心。如果使用半径 R 指令进行整圆插补，则系统认为是 0°圆弧，刀具将不作任何运动。

编程实例：顺时针方向切削一个半径 40mm 的整圆时，如图 3-43 所示。

从 A 点开始顺时针整圆切削，绝对值方式编程：

G90 G02(X0 Y40)J−40 F100;

从 B 点开始顺时针整圆切削，绝对值方式编程：

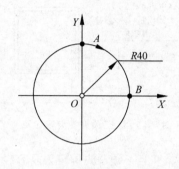

图 3-43　整圆插补时 I、J、K 的使用

G90 G02 (X40 Y0)I−40 F100;

如果上面的程序段写成 G90(G91)G02 X40 Y0 R40 时，那么刀具将不作任何切削运动。

圆弧插补指令使用注意事项如下。

① 在圆弧插补时，必须有平面选择指令；平面选择指令中除了 G17 可以省略外，G18、G19 都不能省略。

② 在使用圆弧插补指令时必须指定进给速度 F。

③ I、J、K 的数值永远是增量值。

④ 整圆切削时，不能用 R 来指定圆弧半径，只能用 I、J、K 来指定。

⑤ 如果在同一个程序段中同时指定了 I、J、K 和 R，只有 R 有效，I、J、K 指令被忽略。

⑥ 在进行圆弧插补编程时，X0、Y0、Z0 和 I0、J0、K0 均可省略。

⑦ 如果用 R 指令来指定圆弧半径时，当圆弧角度小于或等于 180°时，R 值为正；当圆弧角度大于 180°小于 360°时，R 值为负。

7）暂停指令 G04

指令格式：

G04 P__; 或 G04 X(U)__;

程序在执行到某一段后，需要暂停一段时间，进行某些人为的调整，这时用 G04 指令使程序暂停，暂停时间一到，继续执行下一段程序。G04 的程序段里不能有其他指令。暂停时间的长短可以通过地址 X(U) 或 P 来指定。其中 P 后面的数字为整数，单位是 ms；X(U)后面的数字是带小数点的数，单位为 s。

2. 刀具补偿功能

1) 刀具半径补偿功能指令 G40、G41、G42

数控加工中,系统程序控制的总是让刀具刀位点行走在程序轨迹上。铣刀的刀位点通常是定在刀具中心上,若编程时直接按图纸上的零件轮廓线进行,又不考虑刀具半径补偿,则将是刀具中心(刀位点)行走轨迹和图纸上的零件轮廓轨迹重合,这样由刀具圆周刃口所切削出来的实际轮廓尺寸,就必然大于或小于图纸上的零件轮廓尺寸一个刀具半径值,因而造成过切或少切现象。

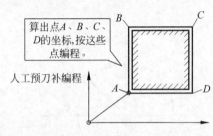

图 3-44   人工预刀补编程计算

为了确保铣削加工出的轮廓符合要求,就必须在图纸要求轮廓的基础上,整个周边向外或向内预先偏离一个刀具半径值,作出一个刀具刀位点的行走轨迹,求出新的节点坐标,然后按这个新的轨迹进行编程,如图 3-43 所示,这就是人工预刀补编程。这种人工预先按所用刀具半径大小求算实际刀具刀位点轨迹的编程方法虽然能够得到要求的轮廓,但很难直接按图纸提供的尺寸进行编程,计算繁杂,计算量大,并且必须预先确定刀具直径大小;当更换刀具或刀具磨损后又需重新编程,使用起来极不方便。

现在很多数控机床的控制系统自身都提供自动进行刀具半径补偿的功能,只需要直接按零件图纸上的轮廓轨迹进行编程,在整个程序中只需在少量的地方加上几个刀补开始及刀补解除的代码指令。这样无论刀具半径大小如何变换,无论刀位点定在何处,加工时都只需要使用同一个程序或稍作修改,只需按照实际刀具使用情况将当前刀具半径值输入到刀具数据库中即可。在加工运行时,控制系统将根据程序中的刀补指令自动进行相应的刀具偏置,确保刀具刃口切削出符合要求的轮廓。利用这种机床自动刀补的方法,可大大简化计算及编程工作,并且还可以利用同一个程序、同一把刀具,通过设置不同大小的刀具补偿半径值而逐步减小切削余量的方法来达到粗、精加工的目的。

指令格式:

G01 G41 D __ X __ Y __;   [左刀补,沿加工方向看刀具在左边,如图 3-45(a)所示]
G01 G42 D __ X __ Y __;   [右刀补,沿加工方向看刀具在右边,如图 3-45(b)所示]
G01 G40 X __ Y __;   (刀具半径补偿取消)

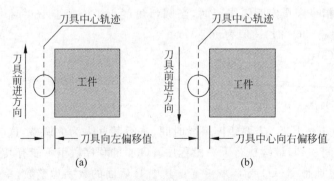

(a)   (b)

图 3-45   左、右刀具半径补偿

　　编程时假定的理想刀具半径与实际使用的刀具半径之差作为偏置设定在偏置存储器 D01～D99 中。在实际使用的刀具选定后，将其与编程刀具半径的差值事先在偏置寄存器中设定，就可以实现用实际选定的刀具进行正确的加工，而不必对加工程序进行修改。使用这组指令，一方面可使得编程人员在编程中不必精确指定刀具半径，另一方面在加工过程中即使刀具失效而换刀或因刀具磨损使刀具半径变小，都不必修改程序，只需重新设定刀具偏置参数即可，因而方便了编程，简化了编程。

　　2）刀具长度补偿功能指令 G43、G44、G49

　　刀具长度补偿指令用于补偿编程的刀具和实际使用的刀具之间的长度差。使用刀具长度补偿功能，可以在当实际使用刀具与编程时估计的刀具长度有出入时，或刀具磨损后刀具长度变短时，不需重新改动程序或重新进行对刀调整，只需改变刀具数据库中刀具长度补偿量即可。

　　G43 为使用刀具长度补偿、G44 为取消刀具长度补偿，如图 3-46 所示，刀具长度补偿是在插补平面垂直的轴上进行的。例如，G17 时沿 Z 轴补偿，G18 时沿 Y 轴补偿，G19 时沿 X 轴补偿。G43 是模态代码，通过 G44 或 M02、M03、"急停"、"复位"等指令可以取消。机床通电后执行 G44。

　　指令格式：

G01 G43 H ＿ Z ＿;　　　　　　　（刀具长度正补偿）
G01 G44 H ＿ Z ＿;　　　　　　　（刀具长度负补偿）
G01 G49 Z ＿;　　　　　　　　　　（刀具长度补偿取消）

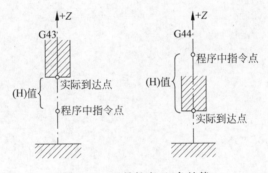

图 3-46　刀具长度正、负补偿

　　编程时假定的理想刀具长度与实际使用的刀具长度之差作为偏置设定在偏置存储器 H01～H99 中。在实际使用的刀具选定后，将其与编程刀具长度的差值事先在偏置寄存器中设定，就可以实现用实际选定的刀具进行正确的加工，而不必对加工程序进行修改。在 G17 的情况下，刀长补偿 G43、G44 只用于 Z 轴的补偿，而对 X 轴和 Y 轴无效。格式中，Z 值是属于 G00 或 G01 的程序指令值，同样有 G90 和 G91 两种编程方式。

　　3. 图形变换功能编程

　　1）图形缩放指令 G51、G50

　　指令格式：

G51 X ＿ Y ＿ Z ＿ P ＿;

　　以给定点(X,Y,Z)为缩放中心,将图形放大到原始图形的P倍,P为比例系数,最小输入量为0.001,比例系数的范围为$0.001\sim999.999$。该指令以后的移动指令,从比例中心点开始,实际移动量为原数值的P倍,P值对偏移量无影响。如省略(X,Y,Z),则以程序原点为缩放中心。例如,G51 P2表示以程序原点为缩放中心,将图形放大一倍;G51 X15 Y15 P2表示以给定点$(15,15)$为缩放中心,将图形放大一倍。

　　G50:关闭缩放功能。

　　编程实例:利用图形缩放指令加工图3-47所示图形,其数控编程如下。

主程序:

```
%0007
G92 X0 Y0 Z25.0;
G90 G00 Z5.0 M03;
G01 Z-18.0 F100;
M98 P0100;
G01 Z-28.0;
G51 X15.0 Y15.0 P2;
M98 P0100;
G50;
G00 Z25.0 M05 M30;
```

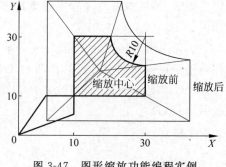

图 3-47　图形缩放功能编程实例

子程序:

```
%0100
G41 G00 X10.0 Y4.0  D01;
G01 Y30.0;
    X20.0;
G03 X30.0 Y20.0 R10.0;
G01 Y10.0;
    X5.0;
G40 G00 X0 Y0;
M99;
```

　　2) 图形旋转指令 G68、G69

　　指令格式:

　　G68 X＿ Y＿ R＿;

　　X、Y为旋转中心的坐标值(可以是X、Y、Z中的任意两个,它们由当前平面选择指令G17、G18、G19中的一个确定)。当X、Y省略时,G68指令认为当前的位置即为旋转中心。R为旋转角度,逆时针旋转定义为正方向,顺时针旋转定义为负方向,$0°\leqslant R\leqslant360°$。当程序在绝对方式下时,G68程序段后的第一个程序段必须使用绝对方式移动指令,才能确定旋转中心。如果这一程序段为增量方式移动指令,那么系统将以当前位置为旋转中心,按G68给定的角度旋转坐标。在有刀具补偿的情况下,先进行坐标旋转,然后才进行刀具半径补偿、刀具长度补偿。在有缩放功能的情况下,先缩放后旋转。例如,G68 R60表示以程序原点为旋转中心,将图形旋转$60°$;G68 X15 Y15 R60表示以坐标$(15,15)$为旋转中心将图形旋转$60°$。

　　G69:关闭旋转功能。

编程实例：利用图形旋转指令加工图 3-48 所示工件，数控编程如下。

主程序：

```
%0009
G92 X0 Y0 Z25.0;
G90 G17 G00 Z5.0 M03;
M98 P0100;
G68 X0 Y0 P90.0;
M98 P0100;
G69;
G68 X0 Y0 P180.0;
M98 P0100;
G69;
G68 X0 Y0 P270.0;
M98 P0100;
G69;
Z25.0 M05 M30;
```

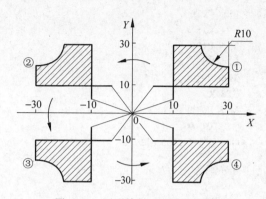

图 3-48　图形旋转功能编程实例

子程序：

```
%0100
G41 X10.0 Y4.0 D01;
Y5.0;
G01 Z−28.0 F200;
Y30.0;
X20.0;
G03 X30.0 Y20.0 R10.0;
G01 Y10.0;
X5.0;
G00 Z5.0;
G40 X0 Y0
M99;
```

3）镜像功能指令 G24、G25

指令格式：

G24 X ＿　Y ＿　Z ＿；

当工件（或某部分）具有相对于某一轴对称的形状时，可以利用镜像功能和子程序的方法，简化编程。镜像指令能将数控加工刀具轨迹沿某坐标轴作镜像变换而形成对称零件的刀具轨迹。对称轴可以是 X 轴、Y 轴 或 X 轴和 Y 轴。

G25：取消镜像功能。

例如，当采用绝对编程方式时，G24 X−9.0 表示图形将以 X＝−9.0 的直线作为对称轴；G24 X6.0 Y4.0 表示先以 X＝6.0 对称，然后再以 Y＝4.0 对称，两者综合结果即相当于以点（6.0，4.0）为对称中心的原点对称图形；G25 X0 表示取消前面的由 G24 X ＿产生的关于 Y 轴方向的对称。

编程实例：利用镜像指令功能加工图 3-48 所示的工件，数控编程如下。

主程序：

```
%0008
G92 X0 Y0 Z25.0;
G90 G17 G00 Z5.0 M03;
M98 P0100;
G24 X0;
M98 P100;
G24 Y0;
M98 P0100;
G25 X0;
M98 P0100;
G25 X0 Y0;
G00 Z25.0 M05 M30
```

子程序：

```
%0100
G41 X10.0 Y4.0 D01;
Y5.0;
G01 Z-28.0 F200;
Y30.0;
X20.0;
G03 X30.0 Y20.0 R10.0;
G01 Y10.0;
X5.0;
G00 Z5.0;
G40 X0 Y0;
M99 ;
```

4）子程序功能指令 M98、M99

在编制加工程序中，有时会出现有规律重复出现的程序段。将程序中重复的程序段单独抽出，并按一定格式单独命名，称之为子程序。调用子程序的程序称为主程序。子程序的编号与一般程序基本相同，只是程序结束字为 M99 表示子程序结束，并返回到调用子程序的主程序中。

指令格式：

M98 P＿；

P 表示子程序调用情况。P 后共有 8 位数字，前四位为调用次数，省略时为调用一次；后四位为所调用的子程序号。

M99：子程序结束，返回主程序。

4. 加工中心与固定循环编程

1）加工中心程序的编制特点

一般使用加工中心加工的工件形状复杂，工序多，使用的刀具种类也多，往往一次装夹后要完成从粗加工、半精加工到精加工的全部过程。因此程序比较复杂。在编程时要考虑下述问题。

（1）仔细地对图纸进行分析，确定合理的工艺路线。

（2）刀具的尺寸规格要选好，并将测出的实际尺寸填入刀具卡。

（3）确定合理的切削用量，主要是主轴转速、背吃刀量、进给速度等。

（4）应留有足够的自动换刀空间，以避免与工件或夹具碰撞。换刀位置建议设置在机床原点。

（5）为便于检查和调试程序，可将各工步的加工内容安排到不同的子程序中，而主程序主要完成换刀和子程序的调用。这样程序简单而且清晰。

（6）对编好的程序要进行校验和试运行，注意刀具、夹具或工件之间是否有干涉。在检查 M、S、T 功能时，可以在 Z 轴锁定状态下进行。

2）加工中心的换刀

除换刀程序外，加工中心的编程方法和普通数控铣床相同。不同的数控机床，其换刀程序是不同的，通常选刀和换刀分开进行，换刀动作必须在主轴停转条件下进行。换刀完毕启动主轴后，方可执行下面程序段的加工动作，选刀动作可与机床的加工动作重合起来，即利用切削时间进行选刀，因此，换刀 M06 指令必须安排在用新刀具进行加工的程序段之前，而下一个选刀指令 T＿＿常紧接安排在这次换刀指令之后。

多数加工中心都规定了换刀点位置，即定距换刀。主轴只有走到这个位置，机械手才能执行换刀动作。一般立式加工中心规定换刀点的位置在 Z0 处（即机床 Z 轴零点），当控制机接到选刀 T 指令后，自动选刀，被选中的刀具处于刀库最下方；接到换刀 M06 指令后，机械手执行换刀动作。

换刀方法一：

```
N10 G00 Z0 T02;
N20 M06;
```

返回 Z 轴换刀点的同时，刀库将 T02 号刀具选出，然后进行刀具交换，换到主轴上的刀具为 T02，若 Z 轴回零时间小于 T 功能执行时间（即选刀时间），则 M06 指令等刀库将 T02 号刀具转到最下方位置后才能执行。因此这种方法占用机动时间较长。

换刀方法二：

```
N10 G01 Z…T02;
…;
N70 G00 Z0 M06;
N80 G01 Z…T03;
…
```

N70 程序段换上 N10 程序段选出的 T02 号刀具；在换刀后，紧接着选出下次要用的 T03 号刀具，在 N10 程序段和 N80 程序段执行选刀时，不占用机动时间，所以这种方式较好。

3）固定循环孔加工编程

固定循环功能规定对于一些典型孔加工中的固定、连续的动作，用一个 G 指令表达，即用固定循环指令来选择孔加工方式。孔加工循环指令为模态指令，一旦某个孔加工循环指令有效，在接着所有的位置均采用该孔加工循环指令进行孔加工，直到用 G80 取消孔加工循环为止。

（1）固定循环的动作。在孔加工循环指令有效时，XY 平面内的运动方式为快速运动（G00）。常用的固定循环指令能完成的工作有：钻孔、攻螺纹和镗孔等。这些循环通常包括下列 6 个基本操作动作，如图 3-49 所示。

① 刀具快速定位到孔加工循环起始点 $B(X,Y)$；

② 刀具沿 Z 方向快速运动到参考平面 R；

③ E 孔加工过程(如钻孔、镗孔、攻螺纹等)；

④ 孔底动作(如进给暂停、主轴停止、主轴准停、刀具偏移等)；

⑤ 刀具快速退回到参考平面 R；

⑥ 刀具快速退回到初始平面 B。

(2) 固定循环指令格式。

G90(G91)G99(G98)G73(G73～G89)X＿Y＿Z＿R＿Q＿P＿F＿K＿;

说明：

G90 /G91 表示绝对坐标编程或增量坐标编程；

G98 表示返回起始点；

G99 表示返回 R 平面。

G73～G89 表示孔加工方式,如钻孔加工、高速深孔钻加工、镗孔加工等；

X、Y 表示孔的位置坐标；

Z 表示孔底坐标；

R 表示安全面(R 面)的坐标。增量方式时,为起始点到 R 面的增量距离；在绝对方式时,为 R 面的绝对坐标；

Q 表示每次切削深度；

P 表示孔底的暂停时间；

F 表示切削进给速度；

K 表示规定重复加工次数。

固定循环由 G80 或 01 组 G 代码撤销。

其中,G98、G99 为孔加工完后的回退方式指令。G98 指令是返回初始平面高度处,G99 则是返回安全平面高度处。当某孔加工完后还有其他同类孔需要接续加工时,一般使用 G99 指令；只有当全部同类孔都加工完成后,或孔间有比较高的障碍需跳跃的时候,才使用 G98 指令,这样可节省抬刀时间。

G73～G89 为孔加工方式指令,对应的固定循环功能见表 3-5。

表 3-5　固定循环功能表

G 指令	加工动作－Z 向	在孔底部的动作	回退动作－Z 向	用　　途
G73	间歇进给		快速进给	高速钻深孔
G74	切削进给(主轴反转)	主轴正转	切削进给	反转攻螺纹
G76	切削进给	主轴定向停止	快速进给	精镗循环
G80				取消固定循环
G81	切削进给		快速进给	定点钻循环
G82	切削进给	暂停	快速进给	锪孔
G83	间歇进给		快速进给	钻深孔
G84	切削进给(主轴正转)	主轴反转	切削进给	攻螺纹

续表

G 指令	加工动作－Z 向	在孔底部的动作	回退动作－Z 向	用　　途
G85	切削进给		切削进给	镗循环
G86	切削进给	主轴停止	切削进给	镗循环
G87	切削进给	主轴停止	手动或快速	反镗循环
G88	切削进给	暂停、主轴停止	手动或快速	镗循环
G89	切削进给	暂停	切削进给	镗循环

（3）各循环方式说明（各循环指令动作如图 3-49 所示）。

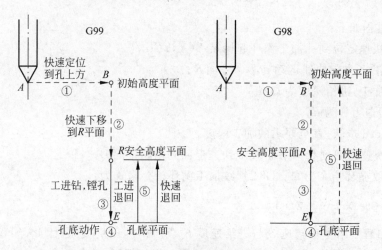

图 3-49　孔加工循环过程

① 钻孔循环指令 G81。G81 钻孔加工循环指令格式为：

G81 G98(G99)X ＿ Y ＿ Z ＿ R ＿ F ＿;

说明：X、Y 为孔的位置，Z 为孔的深度，F 为进给速度（mm/min），R 为参考平面的高度。编程时可以采用绝对坐标 G90 和相对坐标 G91 编程，建议尽量采用绝对坐标编程。

其动作过程如下：

a. 钻头快速定位到孔加工循环起始点 $B(X,Y)$;

b. 钻头沿 Z 方向快速运动到参考平面 R;

c. 钻孔加工；

d. 钻头快速退回到参考平面 R 或快速退回到初始平面 B。该指令一般用于加工孔深小于 5 倍直径的孔。

② 钻孔循环指令 G82。G82 钻孔加工循环指令格式为：

G82 G98(G99)X ＿ Y ＿ Z ＿ R ＿ P ＿ F ＿;

在指令中 P 表示钻头在孔底的暂停时间，单位为 ms（毫秒），其余各参数的意义同 G81。

其动作过程如下：

a. 钻头快速定位到孔加工循环起始点 $B(X,Y)$;

b. 钻头沿 Z 方向快速运动到参考平面 R;

c. 钻孔加工；

d. 钻头在孔底暂停进给；

e. 钻头快速退回到参考平面 R 或快速退回到初始平面 B。

③ 高速深孔钻循环指令 G73。对于孔深大于 5 倍直径孔的加工，由于是深孔加工，不利于排屑，故采用间断进给，每次进给深度为 Q 值，最后一次进给深度小于或等于 Q 值，退刀量为 d，直到孔底为止。

G73 高速深孔钻循环指令格式为：

G73 G98(G99)X ＿ Y ＿ Z ＿ R ＿ Q ＿ F ＿；

其动作过程如下：

a. 钻头快速定位到孔加工循环起始点 $B(X,Y)$；

b. 钻头沿 Z 方向快速运动到参考平面 R；

c. 钻孔加工，进给深度为 Q 值；

d. 退刀，退刀量为 d；

e. 重复 c、d 步骤，直至要求的加工深度；

f. 钻头快速退回到参考平面 R 或快速退回到初始平面 B。

④ 攻螺纹循环指令 G84。G84 螺纹加工循环指令格式为：

G84 G98(G99)X ＿ Y ＿ Z ＿ R ＿ F ＿；

攻螺纹过程要求主轴转速 S 与进给速度 F 成严格的比例关系，因此，编程时要求根据主轴转速计算进给速度，进给速度 $F=$ 主轴转速×螺纹螺距，其余各参数的意义同 G81。

其动作过程如下：

a. 主轴正转，丝锥快速定位到螺纹加工循环起始点 $B(X,Y)$；

b. 丝锥沿 Z 方向快速运动到参考平面 R；

c. 攻丝加工；

d. 主轴反转，丝锥以进给速度反转退回到参考平面 R；

e. 当使用 G98 指令时，丝锥快速退回到初始平面 B。

⑤ 左旋攻螺纹循环指令 G74。G74 螺纹加工循环指令格式为：

G74 G98(G99)X ＿ Y ＿ Z ＿ R ＿ F ＿；

与 G84 的区别是：进给时主轴反转，退出时主轴正转，各参数的意义同 G84。

其动作过程如下：

a. 主轴反转，丝锥快速定位到螺纹加工循环起始点 $B(X,Y)$；

b. 丝锥沿 Z 方向快速运动到参考平面 R；

c. 攻丝加工；

d. 主轴正转，丝锥以进给速度正转退回到参考平面 R；

e. 当使用 G98 指令时，丝锥快速退回到初始平面 B。

⑥ 精镗循环指令 G76。G76 镗孔加工循环指令格式为：

G76 G98(G99)X ＿ Y ＿ Z ＿ R ＿ P ＿ Q ＿ F ＿；

G76 在孔底有三个动作：进给暂停、主轴准停（定向停止）、刀具沿刀尖的反向偏移 Q 值，然后快速退出。这样保证刀具不划伤孔的内表面。P 为暂停时间（ms），Q 为偏移值，其余各参数的意义同 G81。

其动作过程如下：

a. 镗刀快速定位到镗孔加工循环起始点 $B(X,Y)$；

b. 镗刀沿 Z 方向快速运动到参考平面 R；

c. 镗孔加工；

d. 进给暂停、主轴准停、刀具沿刀尖的反向偏移；

e. 镗刀快速退出到参考平面 R 或初始平面 B。

⑦ 取消固定循环指令 G80。该指令能取消固定循环，同时 R 点和 Z 点也被取消。使用固定循环指令时应注意以下几点。

a. 在固定循环中，定位速度由前面的指令决定。

b. 固定循环指令前应使用 M03 或 M04 指令使主轴回转。

c. 各固定循环指令中的参数均为非模态值，因此每句指令的各项参数应写全，在固定循环程序段中，X、Y、Z、R 数据应至少指定一个才能进行孔加工。

d. 控制主轴回转的固定循环（G74、G84）中，如果连续加工一些孔间距较小，或者初始平面到 R 点平面的距离比较短的孔时，会出现在进入孔的切削动作前主轴还没有达到正常转速的情况，遇到这种情况时，应在各孔的加工动作之间插入 G04 指令，以获得时间。

e. 用 G00~G03 指令之一注销固定循环时，若 G00~G03 指令之一和固定循环出现在同一程序段，且程序格式为：G00 (G02,G03) G __ X __ Y __ Z __ R __ Q __ P __ F __ K __；时，按 G00（或 G02,G03）进行 X、Y 移动。

f. 在固定循环程序段中，如果指定了辅助功能 M，则在最初定位时送出 M 信号，等待 M 信号完成，才能进行加工循环。

g. 固定循环中定位方式取决于上次是 G00 还是 G01，因此如果希望快速定位则在上一程序段或本程序段加 G00。

（4）加工编程实例。

编程实例 1：加工图 3-50 所示螺纹孔的加工程序（设 Z 轴开始点距工作表面 100mm 处，切削深度为 20mm）。

加工程序如下：

先用 G81 钻孔。

```
%0101
N10 G91 G00 M03;
N20 C98 G81 X40.0 Y40.0 Z-22.0 R-98.0 F100;
N30 G98 G81 X-120.0 Z-22.0 R-98 K3;
N40 G98 G81 X-120.0 Y50.0 Z-22.0 R-98;
N50 G98 G81 X40.0 Z-22.0 R-98 K3;
N60 G80 X-160.0 Y-90.0 M05;
N70 M02;
```

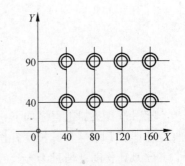

图 3-50 孔加工循环实例 1

再用 G84 攻螺纹。

%0102
N80 G91 G00 M03；
N90 G99 G84 X40.0 Y40.0 Z−27.0 R−93.0 F280；
N100 G99 G84 X40.0 Z−27.0 R93 L3；
N110 G99 G98 X−120.0 Y50.0 Z−27 R−93；
N120 G99 G84 X40.0 Z−27.0 R−93 L3；
N130 G80 Z93.0　N81 X−160.0 Y−90.0 M05；
N140 M02；

编程实例 2：如图 3-51 所示，加工方板上 13 个直径不同、深度不同的孔。

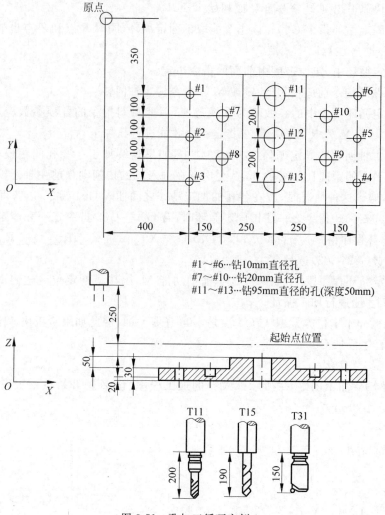

图 3-51　孔加工循环实例 2

所用刀具及加工程序如下：在加工过程中，由于所用三把刀的长度不同，故需设定刀具长度补偿。T11 号刀具长度补偿量设定为＋200.0，则 T15 号刀具长度补偿量为＋190.0，T31 号刀具长度补偿量为＋150.0。

加工程序如下：

```
%01234
N01 G92 X0 Y0 Z0;                                          (在原点设定坐标系)
N02 G90 G00 Z250.0 T11 M06;                                (换刀)
N03 G43 Z0 H11;                                            (初始平面,刀具长度补偿)
N04 S30 M03;                                               (主轴正转)
N05 G99 G81 X400.0 Y−350.0 Z−153.0 R−97.0 F120;           (钻♯1孔,返回到R平面)
N06 Y−550.0;                                               (钻♯2孔,返回到R平面)
N07 G98 Y−750.0;                                           (钻♯3孔,返回到初始平面)
N08 G99 X1200.0;                                           (钻♯4孔,返回到R平面)
N09 Y−150.0;                                               (钻♯5孔,返回到R平面)
N10 G98 Y−350.0;                                           (钻♯6孔,返回到初始平面)
N11 G00 G44 X0 Y0 M05;                                     (回原点,主轴停止)
N12 Z250.0 T15 M06;                                        (刀具长度补偿取消,换刀)
N13 G43 Z0 H15;                                            (初始平面,刀具长度补偿)
N14 S20 M03;                                               (主轴正转)
N15 G99 G82 X550.0 Y−450.0 Z−130.0 R−97.0 P300 F70;       (钻♯7孔,返回到R平面)
N16 G98 Y−650.0;                                           (钻♯8孔,返回到初始平面)
N17 G99 X1050.0;                                           (钻♯9孔,返回到R平面)
N18 G98 Y−450.0;                                           (钻♯10孔,返回到初始平面)
N19 G00 G44 X0 Y0 M05;                                     (原点复归,主轴停止)
N20 Z250.0 T31 M06;                                        (刀具长度补偿取消,换刀)
N21 G43 Z0 H31;                                            (起始点位置,刀具长度补偿)
N22 S10 M03;                                               (主轴正转)
N23 G85 G99 X800.0 Y−350.0 Z−153.0 R47.0 P50;            (钻♯11孔,返回到R平面)
N24 G91 Y−200.0 K2;                                        (钻♯12、♯13孔,返回到R平面)
N25 G28 X0 Y0 M05;                                         (回原点,主轴停止)
N26 G44 Z0;                                                (刀具长度补偿取消)
N27 M30;                                                   (程序结束)
```

任务三 自动编程

一、自动编程概述

自动编程技术是指利用计算机专用软件来编制数控加工程序。编程人员只需根据零件图样的要求,使用数控语言,由计算机自动地进行数值计算及后置处理,编写出零件加工程序单,加工程序通过直接通信的方式送入数控机床,指挥机床工作。自动编程使得一些计算烦琐、手工编程困难或无法编出的程序能够顺利地完成。随着数控加工技术的迅速发展,对编程技术的要求也越来越高,不仅要求能解决形状复杂零件的编程,而且要求编程的速度快、精度高,并便于检查,所以采用自动编程技术是必然的发展方向。

自动编程技术发展至今,形成了很多种类型。但从广泛使用的角度来看,主要有数控语言自动编程系统和人机对话式自动编程系统两大类。

1. 数控语言自动编程系统

数控语言自动编程系统的一般处理流程如图 3-52 所示。从流程图中可以看出,数控语言自动编程系统主要由零件源程序和编译软件组成。

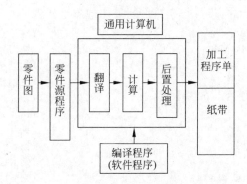

图 3-52　数控语言自动编程系统处理流程图

1）源程序

零件的源程序是编程员根据被加工零件的几何图形和工艺要求,用数据语言编写的计算机输入程序。它是生成零件加工程序的根源,故称为零件源程序。零件源程序包含零件加工的形状和尺寸、刀具运动路线、切削参数、机床的辅助功能等。

2）编译程序

编译程序是把输入计算机中的零件源程序翻译成等价的目标程序的程序,它也称为系统处理程序,是自动编程系统的核心部分。在编译程序的支持下,计算机就能对零件源程序进行如下的处理。

（1）翻译阶段。识别语言并理解其含义。

（2）计算阶段。经过几何处理、工艺处理和走刀轨迹处理之后生成刀位文件。

（3）后置处理阶段。后置处理是将刀位文件转换为数控机床能够识别的数控加工程序。

3）APT(Automatically Programmed Tools)语言

自动编程的数控语言是一种描述零件几何形状和刀具相对工件运动的一种特定的符号,APT 语言是最典型的一种数控语言。APT 是词汇式语言,它的优点是零件源程序编制容易,数控程序制作时间短,可靠性高,可自动诊断错误,能描述图形的数学关系,用户易于二次开发;缺点是只能处理几何形状的信息,不能自动处理走刀顺序、刀具形式及尺寸、切削用量等工艺要求。

4）数控语言自动编程系统软件的总体结构

数控语言自动编程系统软件由前置处理程序和后置处理程序组成。

（1）前置处理程序。首先读入零件源程序进行编译,经过词法、语法分析,如果发现错误,就进行显示并修改。然后进入计算阶段,计算出加工零件各几何元素之间的基点及节点坐标和零件加工的走刀路线,形成刀位文件(CLD)。

（2）后置处理程序。后置处理程序的作用就是把刀位文件翻译成数控机床能够识别数控加工程序。不同的数控系统,它的后置处理程序也不同。后置处理程序由输入及控制模块、运动模块、辅助功能模块和输出模块组成。

2. 人机对话式自动编程系统

人机对话式自动编程系统又称为图形交互式自动编程系统,它是一种直接将零件的几何图形信息自动转化为数控加工程序的计算机辅助编程技术。它通常是以计算机辅助设计（CAD）软件为基础的专用软件来实现的。图形交互式自动编程系统的步骤如下。

(1) 零件图纸及加工工艺分析；

(2) 几何造型（CAD 模块）；

(3) 刀位点轨迹计算及生成（CAM 模块）；

(4) 模拟仿真；

(5) 后置处理；

(6) 程序输出。

二、常见的 CAD/CAM 软件简介

基于 CAD/CAM 的自动编程软件有：Pro/Engineer、UG、Ideas、CATIA、SolidEdge、SolidWoks、MasterCAM、CAXA 等。

1. Pro/Engineer 软件

Pro/Engineer 软件是美国 PTC 公司于 1988 年推出的产品，如图 3-53 所示，它是一种最典型的基于参数化（parametric）实体造型的软件。可工作在工作站和 Unix 操作环境下，也可以在微机的 Windows 环境下运行。Pro/Engineer 包含了从产品的概念设计、详细设计、工程图、工程分析、模具，直至数控加工的产品开发过程。

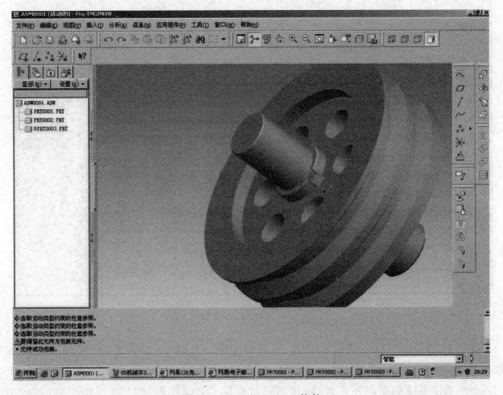

图 3-53 Pro/Engineer 软件

1) Pro/Engineer 软件的 CAD 功能

具有简单零件设计、装配设计、设计文档(绘图)和复杂曲面的造型等功能。具有从产品模型生成模具模型的所有功能。可直接从 Pro/Engineer 实体模型生成全关联的工程视图,包括尺寸标注、公差、注释等。还提供三坐标测量仪的软件接口,可将扫描数据拟合成曲面,完成曲面光顺和修改,提供图形标准数据库交换接口,包括 IGES、SET、VDA、CGM、SLA等。还提供 Pro/Engineer 与 CATIA 软件的图形直接交换接口。

2) Pro/Engineer 软件的 CAM 功能

提供车加工、2~5 轴铣加工、电火花线切割、激光切割等功能。加工模块能自动识别工件毛坯和成品的特征。当特征发生修改时,系统能自动修改加工轨迹。

2. MasterCAM 软件

MasterCAM 是美国 CNC 公司开发的一套适用于机械设计、制造的运行在 PC 平台上的 3D CAD/CAM 交互式图形集成系统,如图 3-54 所示。它可以完成产品的设计和各种类型数控机床的自动编程,包括数控铣床(3~5 轴)、车床(可带 C 轴)、线切割机(4 轴)、激光切割机、加工中心等的编程加工。

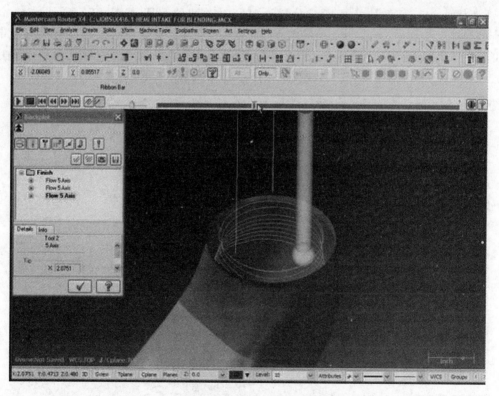

图 3-54　MasterCAM 软件

产品零件的造型可以由系统本身的 CAD 模块来建立模型,也可通过三坐标测量仪测得的数据建模,系统提供的 DXF、IGES、CADL、VDA、STL、PARASLD 等标准图形接口,可实现与其他 CAD 系统的双向图形传输,也可通过专用 DWG 图形接口与 AutoCAD 进行图形传输。

系统具有很强的加工能力,可实现多曲面连续加工、毛坯粗加工、刀具干涉检查与消除、实体加工模拟、DNC连续加工以及开放式的后置处理功能。

3. "CAXA制造工程师"软件

"CAXA制造工程师"软件是由北京北航海尔软件有限公司开发的全中文CAD/CAM软件。

1) CAXA软件的CAD功能

提供线框造型、曲面造型方法来生成3D图形。采用NURBS非均匀B样条造型技术,能更精确地描述零件形体。有多种方法来构建复杂曲面,包括扫描、放样、拉伸、导动、等距、边界网格等。对曲面的编辑方法有任意裁剪、过度、拉伸、变形、相交、拼接等,可生成真实感图形。具有DXF和IGES图形数据交换接口。

2) CAXA软件的CAM功能

支持车加工,具有轮廓粗车、精切、切槽、钻中心孔、车螺纹功能。可以用参数修改功能对轨迹的各种参数进行修改,以生成新的加工轨迹;支持线切割加工,具有快、慢走丝切割功能,可输出3B或G代码的后置格式;支持2～5轴铣加工,提供轮廓、区域、3轴和4～5轴加工功能。区域加工允许区域内有任意形状和数量的岛。可分别指定区域边界和岛的拔模斜度,自动进行分层加工。针对叶轮、叶片类零件提供4～5轴加工功能。可以利用刀具侧刃和端刃加工整体叶轮和大型叶片,还支持带有锥度的刀具进行加工,可任意控制刀轴方向。此外还支持钻加工。

图 3-55　"CAXA制造工程师"软件

CAXA 软件系统还提供丰富的工艺控制参数、多种加工方式(粗加工、参数线加工、限制线加工、复杂曲线加工、曲面区域加工、曲面轮廓加工)、刀具干涉检查、真实感仿真功能模拟加工、数控代码反读、后置处理功能等。

三、UG 软件自动编程(UG NX6 软件应用)

1. UG NX6 简介

UG NX 是一个集成的 CAD/CAE/CAM 软件,是当今世界最先进的计算机辅助设计、分析和制造软件之一。该软件不仅是一套集成的 CAX 程序,已远远超越了个人和部门生产力的范畴,完全能够改善整体流程以及该流程中每个步骤的效率,因而广泛应用于航空、航天、汽车、通用机械和造船等工业领域。

UG NX6 是 UG NX 的最新版本,与以前的版本相比,不仅更新了操作环境,而且添加和增强了工具功能,提供了更为强大的实体建模技术和高效能的曲面构造能力,从而使设计者能够快速、准确地完成各种造型设计任务。UG NX6 还能保证与低版本完全兼容。

2. UG NX6 功能模块和特点

UG NX6 的各功能是靠各功能模块来实现的,利用不同的功能模块来实现不同的功能。下面简要介绍几种常用的功能模块。

1) CAD 模块

UG NX 软件的 CAD 模块产品设计包括实体建模、特征建模、自由形状建模、装配建模和制图等基本模块,是 CAID(计算机辅助工业设计)和 CAD 的集成软件,较好地解决了以往难以克服的 CAID 和 CAD 数据传输的难题。

2) CAM 模块

UG NX 软件的 CAM 模块包括交互工艺参数输入模块、刀具轨迹生成模块(UG/Toolpath Generator)、刀具轨迹编辑模块(UG/Graphical Tool Path Editor)、三维加工动态仿真模块(UG/Verify)、后置处理模块(UG/Postprocessing)。

使用加工模块可根据建立起的三维模型生成数控代码,用于产品的加工,其后处理程序支持多种类型的数控机床。加工模块提供了众多的基本模块,如车削、固定轴铣削、可变轴铣削、切削仿真、线切割等。

3) CAE 模块

UG NX 软件的 CAE 功能主要包括结构分析、运动和智能建模等应用模块,是一种能够进行质量自动评测的产品开发系统,它提供了简便易学的性能仿真工具,对任何设计人员都可以进行高级的性能分析,从而获得更高质量的模型。

3. UG NX6 操作界面

要使用 UG NX6 软件进行工程设计,必须首先进入该软件的操作环境。用户可通过新建文件的方法进入该环境,或者通过打开文件的方式进入该环境。UG NX6 的操作界面如图 3-56 所示。

新的操作界面更具 Windows 风格,它加入大量 xp 风格的操作方式和图标,使界面更加干练、清晰、美观。从图 3-56 中可以看出该界面主要由绘图区、标题栏、菜单栏、提示栏、状

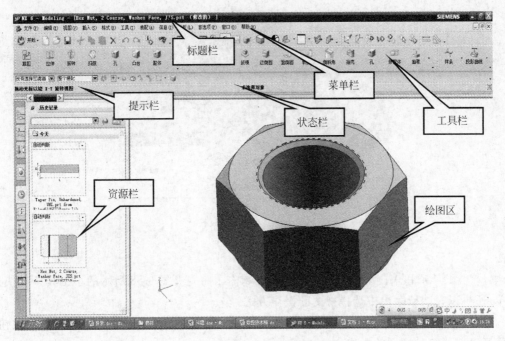

图 3-56　UG NX6 的操作界面

态栏、工具栏和资料栏组成。

1）标题栏

在 UG NX6 工作界面中，窗口标题栏的用途与一般 Windows 应用软件的标题栏用途大致相同。在此，标题栏主要用于显示软件版本与使用者应用的模块名称，并显示当前正在操作的文件及状态。

2）菜单栏

主菜单包含了 UG NX 软件所有主要的功能，系统将所有的指令或设定选项予以分类，分别放置在不同的下拉菜单中。

主菜单又可称为下拉式菜单，单击主菜单栏中任何一个功能选项时，系统将菜单下拉，并显示出该功能菜单中包含的有关指令。在下拉式菜单中，每一个选项的前后都有一些特殊的标记，例如在【编辑】子菜单中的【删除】选项前方有图标 ✕，后方标有该选项对应的快捷键。

3）工具栏

工具栏位于菜单栏的下面，它以简单直观的图标来表示每个工具的作用。单击图标按钮就可以启动相对应的 UG 软件功能，相当于从菜单中逐级选择到的最后命令。

UG NX6 根据实际需要将常用工具组合为不同的工具栏。为方便绘图，右击工具栏任意按键，选择对应选项将打开相应的工具栏，还可以自定义工具栏各按钮的显示/隐藏状态，图 3-57 所示是隐藏【编辑曲面】工具栏中的【更改刚度】和【法向反向】按钮的显示。

4）绘图区

绘图区是 UG NX6 的主要工作区域，它以窗口的形式呈现的，占据了屏幕的大部分空间，用于显示绘图后的效果、分析结果、刀具路径结果等。在 UG NX6 中还支持以下操作

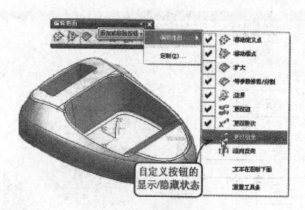

图 3-57 【标准】工具栏

方法。

（1）小工具条和快捷菜单。在绘图工作区域右击将打开图 3-58 所示的小工具条和快捷菜单，还可以在快捷菜单中选择视图的操作方式。

（2）挤出式按钮。在绘图区域按住鼠标右键不放，UG NX 6 将打开新的挤出式按钮，同样可以选择多种视图的操作方式，如图 3-59 所示。

图 3-58 右击打开的快捷菜单

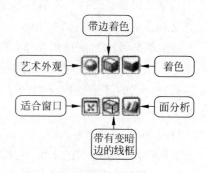

图 3-59 挤出式按钮

5）提示栏和状态栏

提示栏位于绘图区的上方，用于提示使用者操作的步骤。在执行每个指令步骤时，系统均会显示使用者必须执行的动作，或提示使用者下一个动作。

状态栏固定与提示栏的右方，其主要用途用于显示系统及图素的状态，例如在选择点时，系统会提示当前鼠标位置的点是某一特殊点，如中点、圆心等，如图 3-60 所示。

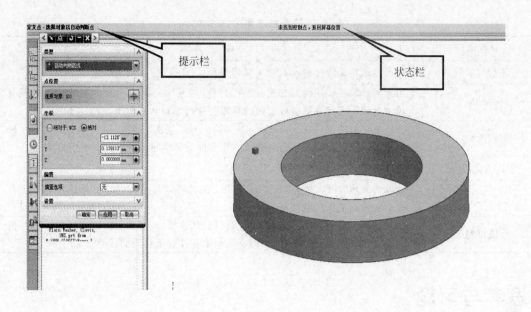

图 3-60　提示栏和状态栏

6）资源栏

资源栏是用于管理当前零件的操作及操作参数的一个树形界面,当鼠标离开操作资源界面时,操作导航器将会自动隐藏,如图 3-61 所示。该资源栏的导航按钮位于屏幕的左侧,提供常用的导航器按钮,如装配导航器、部件导航器等,该资源栏主要按钮的含义可参照表 3-6。

图 3-61　资源栏

表 3-6　资源栏主要按钮的含义

导航器按钮	按 钮 含 义
装配导航器	用来显示装配特征树及其相关操作过程
部件导航器	用来显示零件特征树及其相关操作过程,即从中可以看出零件的建模过程及其相关参数。通过特征树可以随时对零件进行编辑和修改
重用库	能够更全面的浏览 Teamcenter Classifiacation 层次结构树,并提供对分类对象的直接访问权。此外还可以将相关 NX 部件的分类对象拖动到图形窗口中
IE 浏览器	可以在 UG NX 6 中切换到 IE 浏览器
历史记录	可以快速地打开文件,单击要打开的文件就可以打开文件。此外还可以单击并拖动文件到工作区域打开文件
系统材料	系统材料中提供了很多常用的物质材料,如金属、玻璃和塑料等。可以单击并拖动需要的材质到设计零件上,即可达到给零件赋予材质的目的

思考与习题

3-1　简述数控程序编制的内容和步骤。

3-2　数控程序有哪几部分组成? 试述字地址程序段的构成与格式。

3-3　机床坐标系及坐标方向是怎样确定的?

3-4　何为机床原点与机床参考点? 如何选定?

3-5　简述数控车床编程的特点。

3-6　数控铣床加工的对象是什么?

3-7　数控铣床加工的特点是什么?

3-8　加工中心的加工特点是什么? 在程序编写过程中要注意哪些问题?

3-9　为什么要进行刀具补偿? 其优越性是什么?

3-10　试述 G90 和 G91 有什么不同。

3-11　设置机床坐标系有哪些指令,如何使用?

3-12　设置工件坐标系有哪些指令,如何使用?

3-13　试述 G00、G01、G02、G03 指令的功能和格式。

3-14　用 G02、G03 编程时,什么时候 R 为正,什么时候 R 为负,为什么?

3-15　试编制图 3-62 所示各零件图的数控车削加工程序。

3-16　对图 3-63 所示零件按绝对坐标进行编程。要求:刀具从 $O(0,0)$ 点快移至 A 点后沿 $A \rightarrow B \rightarrow C \rightarrow D \rightarrow E \rightarrow A$ 进行轮廓加工,加工完毕再快移回 O 点。进给速度 F150,刀具偏置 D01。

3-17　加工图 3-64 所示工件。加工程序启动时刀具在参考点位置(参考点位置如图 3-64 所示),选择 ϕ30mm 立铣刀,并以零件的中心孔作为定位孔,试编写其精加工程序。

3-18　图 3-65 所示零件,毛坯已经经过粗加工,欲对零件进行钻孔和铣平面,请采用教材中给定的固定循环孔加工编程方法编制加工程序。

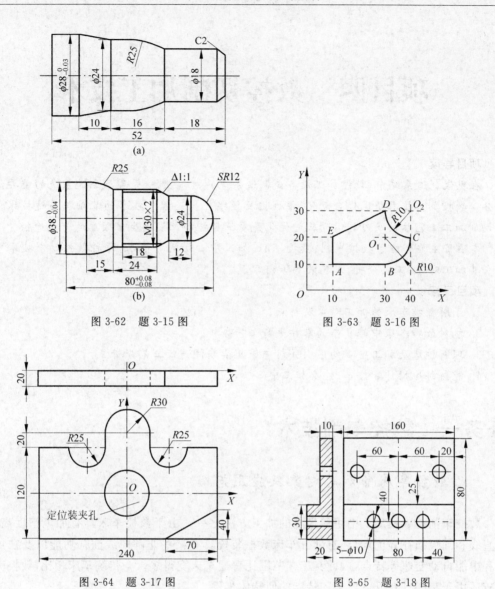

图 3-62　题 3-15 图

图 3-63　题 3-16 图

图 3-64　题 3-17 图

图 3-65　题 3-18 图

项目四　数控切削加工技术

项目导读

在现代制造系统中,数控加工设备是制造系统的核心设备,是现代制造系统的重要组成部分。数控加工技术是现代自动化、柔性化及数字化生产加工技术的基础与关键技术。数控切削加工工艺参数及刀具运动轨迹优化是发挥数控加工设备生产效率的有效途径。

本项目主要介绍了数控车削、数控铣削、加工中心切削等技术,每种数控切削技术中又包含其加工对象、工艺分析、工艺装备等内容。

项目目标

1. 了解数控车床的加工对象及特点。
2. 能对数控车床中等复杂的零件进行工艺分析。
3. 理解铣床及加工中心的区别并对中等复杂零件进行工艺分析。
4. 能熟练地操作数控车、铣及加工中心。

任务一　数控车削技术

一、数控车床的加工对象及应用范围

数控车削是数控加工中用得最多的加工方法之一。由于数控车床具有加工精度高,能作直线和圆弧插补等优点,还有部分车床数控装置具有某些非圆曲线插补功能以及在加工过程中能自动变速等特点,因此其工艺范围比普通车床宽得多。与传统车床相比,数控车床比较适用于车削具有以下要求和特点的回转体零件。

1. 精度要求高的零件

由于数控车床的刚性好,制造和对刀精度高,并且能方便和精确地进行人工补偿和自动补偿,所以它能够加工尺寸精度要求高的零件。在有些场合可以以车代磨。此外,由于数控车削时刀具运动是通过高精度插补运算和伺服驱动来实现的,再加上机床的刚性好和制造精度高,所以它能加工对母线直线度、圆度、圆柱度要求高的零件。对于圆弧以及其他曲线轮廓,加工出的形状与图纸上所要求的几何形状的接近程度比仿形车床要高得多。

2. 表面粗糙度小的回转体零件

数控车床能加工出表面粗糙度小的零件,不但是因为机床的刚性好和制造精度高,还由于它具有恒线速度切削功能。在材质、精车留量和刀具已定的情况下,表面粗糙度取决于进给量和切削速度。使用数控车床的恒线速度切削功能,就可选用最佳线速度来切削端面,这

样切出的粗糙度既小又一致。数控车床还适合于车削各部位表面粗糙度要求不同的零件。粗糙度小的部位可以用减小进给速度的方法来达到,而这在传统车床上是做不到的。

3. 轮廓形状特别复杂或难于控制尺寸的回转体零件

数控车床具有直线和圆弧插补功能,部分车床数控装置还有某些非圆曲面插补功能,所以可以车削由任意直线和平面曲线组成的形状复杂的回转体零件。图 4-1 所示的壳体零件封闭内腔的成型面"口小肚大",在普通车床上是无法加工的,而在数控车床上则很容易加工出来。

组成零件轮廓的曲线可以是数学程式描述的曲线,也可以是列表曲线。对于由直线或圆弧组成的轮廓,直接利用机床的直线或圆弧插补功能。对于非圆曲线组成的轮廓,可以用非圆曲线插补功能;若所选机床没有非圆曲线插补功能,则应先用直线或圆弧去逼近,然后再用直线或圆弧插补功能进行插补切削。

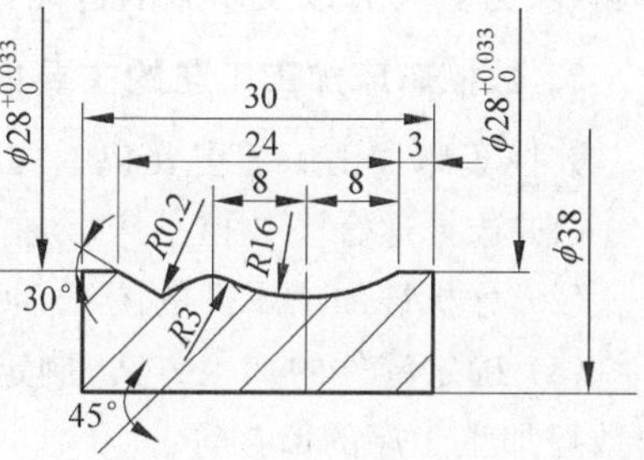

图 4-1　成型内腔零件示例

4. 带一些特殊类型螺纹的零件

传统车床所能切削的螺纹相当有限,它只能加工等导程的直、锥面的公、英制螺纹,而且一台车床只限定加工若干种导程的螺纹。数控车床不但能加工任何等导程的直、锥面螺纹和端面螺纹,而且能加工增导程、减导程,以及要求等导程与变导程之间平滑过渡的螺纹。数控车床加工螺纹时主轴转向不必像传统车床那样交替变换,它可以一刀又一刀不停顿地循环,直至完成,所以它车削螺纹的效率很高。数控车床还配有精密螺纹切削功能,再加上一般采用硬质合金成型刀片,以及可以使用较高的转速,所以车削出来的螺纹精度高、表面粗糙度小。可以说,包括丝杠在内的螺纹零件很适合于在数控车床上加工。

5. 超精密、超低表面粗糙度的零件

磁盘、录像机磁头、激光打印机的多面反射体、复印机的回转鼓、照相机等光学设备的透镜及其模具,以及隐形眼镜等要求超高的轮廓精度和超低的表面粗糙度值,它们适合于在高精度、高功能的数控车床上加工。以往很难加工的塑料散光用的透镜,现在也可以用数控车床来加工。超精加工的轮廓精度可达到 $0.1\mu m$,表面粗糙度可达 $0.02\mu m$。超精车削零件的材质以前主要是金属,现已扩大到塑料和陶瓷。

6. 以特殊方式加工的零件

(1) 能代替双机高效加工零件,如在一台 6 轴的数控车床上,有同轴线的左右两个主轴和前后两个刀架,即可以同时车出两个相同的零件,也可以两个工序不同的零件。

(2) 在同样一台 6 轴控制并配有自动装卸机械手的数控车床上,棒料装夹在左主轴的卡盘上,用后刀架先车出有较复杂的内、外形轮廓的一端后,有装卸机械手将其车后的半成品转送到右主轴卡盘上定位(径向和轴向),并夹紧,然后通过前刀架按零件总长要求切断,并进行其另一端的内、外形加工,从而实现一个位置精度要求高,内、外形均较复杂的特殊零件全部车削过程的自动化加工。

二、数控车削工艺分析及工艺装备

1. 数控车床加工工艺的基本特点

数控车床加工程序是数控车床的指令性文件。数控车床受控于程序指令,加工的全过程都是按程序指令自动进行的。因此,数控车床加工程序与普通车床工艺规程有很大差别,涉及的内容也较广。数控车床加工程序不仅包括零件的工艺过程,而且还包括切削用量、走刀路线、刀具尺寸以及车床的运动过程。

2. 数控车床加工工艺的主要内容

数控车床加工工艺主要包括如下内容。

(1) 选择适合于数控车床上加工的零件,确定工序内容。

(2) 分析被加工零件的图纸,明确加工内容及技术要求。

(3) 确定零件的加工方案,制定数控加工工艺路线,如划分工序、安排加工顺序、处理与非数控加工工序的衔接等。

(4) 加工工序的设计。如选取零件基准的定位、装夹方案的确定、工步划分、刀具选择和切削用量的确定等。

(5) 数控加工程序的调整,如选取对刀点和换刀点、确定刀具补偿及确定加工路线等。

3. 数控车床的加工工艺分析

工艺分析是数控车削加工的前期工艺准备工作。工艺制定合理与否,对程序的编制、机床的加工效率和零件的加工精度都有重要影响,因此应遵循一般的工艺原则,并结合数控车床的特点,认真而详细地制定好零件的数控车削加工工艺。

数控车床加工零件的工艺性分析:在选择并决定数控车床加工零件及其加工内容后,应对零件的数控加工工艺性进行全面、认真、仔细地分析。主要内容包括产品的零件图样分析和零件结构的工艺性分析等内容。

(1) 零件图样分析。首先应熟悉零件在产品中的作用、位置、装配关系和工作条件,搞清楚各项技术要求,然后对零件装配质量和使用性能的影响,找出主要的、关键的技术要求,然后对零件图样进行分析。零件图工艺分析是工艺制定中的首要工作,主要包括以下内容。

① 尺寸标注方法分析

零件图上尺寸标注应适应数控车床加工的特点,如图 4-2 所示,应以同一基准标注尺寸或直接给出坐标尺寸。这种标注方法既便于编程,又有利于设计基准、工艺基准、测量基准和编程基准原点的统一。

② 轮廓几何要素分析

手工编程时,要计算每个节点坐标,在自动编程时,要对构成零件的轮廓的所有几何元素进行定义,因此在分析几何元素的给定条件是否充分。

③ 精度及技术要求分析

对于被加工零件的精度及技术要求进行分析,是零件工艺分析的重要内容,只有在分析零件尺寸精度和表面粗糙度的基础上,才能正确地选择加工方法、装夹方式、刀具及切削用量等,精度及技术要求分析的主要内容如下:

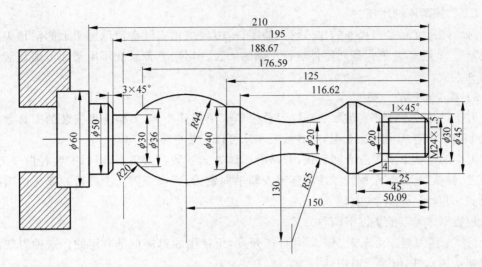

图 4-2 零件尺寸标注分析

① 分析精度及各项技术要求是否齐全、是否合理。

② 分析本工序的数控车削加工精度能否达到图样要求,若达不到,则采用其他措施(如磨削)来弥补,应给后续工序留有余量。

③ 找出图样上有位置精度要求的表面,这些表面应在一次安装下完成。

④ 对表面粗糙度要求较高的表面,这些表面应在一次安装下完成。

(2) 零件结构的工艺性分析。零件的结构工艺性是指零件对加工方法的适应性,即所设计的零件结构应便于加工成形。在数控车床上加工零件时,应根据数控车削的特点,认真审视零件结构的合理性。如图 4-3(a)所示零件,需要三把不同宽度的切槽刀切槽。如无特殊需要,显然是不合理的,若改成图 4-3(b)所示结构,只需一把刀即可切出三个槽来,既减少了刀具数量,少占了刀架位,又节省了换刀时间。在结构分析时若发现问题应向设计人员或有关部门提出修改意见。

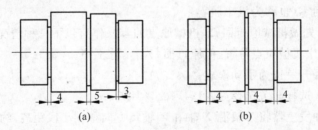

图 4-3 结构工艺性实例

4. 数控车床的工艺装备

1) 数控车床的卡盘

液压卡盘是数控车削加工时夹紧工件的重要附件,对一般回转类零件可采用普通液压卡盘;对零件被夹持部位不是圆柱形的零件,则需要采用专用卡盘;用棒料直接加工零件时需要采用弹簧卡盘。

2）数控车床的尾座

对轴向尺寸和径向尺寸的比值较大的零件,需要采用安装在液压尾架上的活顶尖对零件尾端进行支撑,才能保证对零件进行正确的加工。尾架有普通液压尾架和可编程液压尾座两种。

3）数控车床的刀架

刀架是数控车床非常重要的部件。数控车床根据其功能,刀架上可安装的刀具数量一般为 8 把、10 把、12 把或 16 把,有些数控车床可以安装更多的刀具。

刀架的结构形式一般为回转式,刀具沿圆周方向安装在刀架上,可以安装径向车刀、轴向车刀、钻头、镗刀。车削加工中心还可安装轴向铣刀、径向铣刀。少数数控车床的刀架为直排式,刀具沿一条直线安装。

数控车床可以配备以下两种刀架。

（1）专用刀架。由车床生产厂商自己开发,所使用的刀柄也是专用的。这种刀架的优点是制造成本低,但缺乏通用性。

（2）通用刀架。根据一定的通用标准而生产的刀架,数控车床生产厂商可以根据数控车床的功能要求进行选择配置。

4）数控车床的铣削动力头

数控车床刀架上安装铣削动力头可以大大扩展数控车床的加工能力。

三、数控车床的基本操作

1. 操作方法

数控车床的操作步骤如下。

1）打开主电源

首先打开压缩空气开关和机床的主电源,按操作面板上的开电源按钮,显示屏上显现 X、Z 坐标值。

2）机械原点回零（也称为机床回零）

打开机床后首先做机械原点回归,机械原点回零操作有以下三种情况。

（1）刀架在机床机械原点位置,但原点回归指示灯不亮。

① 将模式选择开关选为手动模式。

② 将进给模式选择开关选择为×1、×10、×100。

③ 用手动脉冲发生器将刀架沿 X 轴和 Z 轴负方向移动小段距离,约 20mm。

④ 将模式选择开关选择为原点回归模式,进给模式开关为 25% 或 50% 或 100%。

⑤ 操作手动进给操作柄沿 X、Z 轴正方向回机械原点,直到回零指示灯变亮。

（2）刀架远离机床机械原点。

① 将模式选择开关选择为原点回归。

② 将进给模式开关选为 25% 或 50% 或 100%。

③ 用手动进给操作柄将刀架先沿 X 轴,后沿 Z 轴的正方向回归机床机械原点,直至两轴点回零指示灯变亮。

（3）刀架台超出机床限定行程的位置,因超行程出现报警（ALARM）。

① 用手动进给操纵柄将刀架沿负方向移动约 20mm。

② 按 RESET 键使 ALARM 消失。

③ 重复(2)的操作,完成机械原点回归。

3) MDI 数据手动输入

将模式开关置于"MDI"状态。

按 PRGRM 键,出现单程序句输入画面。

当画面左上角没有"MDI"标志时按 PAGE ↓ 键,直至有"MDI"标志。

(1) 输入数据。

例一:主轴正转 500r/min。

依次输入 G97 INPUT   S500 INPUT   M03 INPUT

例二:z 轴以 0.1mm/r 的速度负方向移动 20mm。

依次输入 G01 INPUT   G99 INPUT   F0.1 INPUT   W−20.0 INPUT

在输入过程中若输错,必须重新输入,请按 RESET 键,上面的输入全部消失,从开始输入。如需取消某一输错字,按 CAN 键即可。

按下程序启动键 START 或 OUPUT 键即可运行。

如需停止运行,按 STOP 键暂停或 RESET 键取消。

(2) 输入程序。

将下列程序输入系统内存。

```
O0001;
N1;
G50  S3000;
G00  G40  G97  G99  S1500  T0101  M03  F0.15;
Z1.0 ;
G01   X50.  F0.2;
G01   Z−20.0  F0.15;
G00   X52.0   Z1.0;
...
...
M30;
```

将模式开关选为编辑"EDIT"状态。

按 PRGRM 键出现 ROGRAM 画面。

将程序保护开关置于无效(OFF)。

在 NC 操作面板上依次输入下面内容。

O0001   EOB   INSERT

N1   EOB   INSERT

G50 S3000   EOB   INSERT

　G00　G40　G97　S1500　T0101　M03　F0.15　$\boxed{\text{EOB}}$　$\boxed{\text{INSERT}}$

　Z1.0　$\boxed{\text{EOB}}$　　　　　　　　　　　　$\boxed{\text{INSERT}}$

　/G01　X50.0　F0.2　$\boxed{\text{EOB}}$　　　$\boxed{\text{INSERT}}$

　G01　Z−2.0　　F0.5　$\boxed{\text{EOB}}$　　　$\boxed{\text{INSERT}}$

　G00　S52.0　Z1.0　　$\boxed{\text{EOB}}$　　$\boxed{\text{INSERT}}$

　…

　…

　M30　$\boxed{\text{EOB}}$　　　　　　　　　　$\boxed{\text{INSERT}}$

至此输完所有程序句。

注："EOB"为 END OF BLOCK 的首写缩写,表示程序句结束。

将程序保护开关置为有效(ON),以保护所输入的程序。

按 $\boxed{\text{RESET}}$ 键,光标返回程序的起始位置。

注：出现报警 ALARM P/S 70 表示输入的程序内存中已经存在,只要改变输入的程序号或删除原程序及其程序内容即可。

(3) 寻找程序。

将模式选择开关选为编辑"EDIT"状态。

按 $\boxed{\text{PRGRM}}$ 键,出现 PROGRAM 的工作画面。

输入想调出的程序号(如 O0001)。

程序保护开关置为无效(OFF)。

按 CURSOR $\boxed{\downarrow}$ 键,即可调出程序。

(4) 编辑程序。

编辑程序必须在下面的状态下操作。

将模式选择开关选为编辑"EDIT"状态。

按 $\boxed{\text{PRGRM}}$ 键,出现 PROGRAM 的画面。

程序保护开关置为无效(OFF)。

返回当前程序起始语句的方法,按 $\boxed{\text{RESET}}$ 键使光标回到程序的最前端(如 O0100)。

① 寻找局部程序号,例如寻找 N3。

按 $\boxed{\text{RESET}}$ 键,光标回到程序号所在的地方,例如 O0002。

输入想要调出的局部程序序号,例如 N3。

按 CURSOR $\boxed{\downarrow}$ 键,光标即移到 N3 所在的位置。

② 字及其他地址的寻找。例如寻找 X50.0 或 F0.1。

a. 输入所需调出的字(X50.0)或命令符(F0.1)。

b. 以当前光标位置为准,向前面程序寻找按 CURSOR $\boxed{\uparrow}$ 键;向下面程序寻找,按 CURSOR $\boxed{\downarrow}$ 键,光标出现在所搜寻的字或命令符第一次出现的位置。

找不到寻找的字或命令符时,屏幕上会出现 ALARM 报警。

③ 字的修改。例如将 Z1.0 改为 Z1.5。

将光标移到 Z1.0 的位置。

输入改变后的字 Z1.5。

程序保护开关置为无效(OFF)。

按 ALTER 键,即可更改。

程序保护开关置为有效(ON)。

④ 删除字。

例如:G00　G97　G99　X30.0　S1500　T0101　M03　F0.2;

删除其中的字 X30.0。

将光标移至该行的 X30.0 的位置。

程序保护开关置为无效(OFF)。

按 DELET 键,即删除了 X30.0 字,光标将自动移至 S1500 的位置。

程序保护开关置为有效(ON)。

删除一个程序段,举例如下。

O001;
N1 ;
G50 S3000;
G00 G97 G99 S1500 T0101 M03 F0.15;

将光标移至要删除的程序段的第一个字 G50 的位置。

按 EOB 键。

程序保护开关置为无效(OFF)。

按 DELET 键,即可删除整个程序段。

程序保护开关回置为有效(ON)。

⑤ 插入字。

例如:G00 G97 G99 S1500 T0101 M03 F0.15;

在上面的语句中加入 G40,改为下面形式:

G00 G40 G97 G99 S1500 T0101 M03 F0.15

将光标移动至要插入字的前一个字的位置(G00)。

输入要插入的字(G40)。

程序保护开关置为无效(OFF)。

按 INSRT 键,出现 G00 G40 G97 G99 S1500 T0101 M03 F0.15。

程序保护开关回置有效(ON)。

EOB 也是一个字,也可以插入程序段中。

⑥ 删除程序。

例如删除程序 O1234。

模式选择开关选择"EDIT"状态。

按 PRGRM 键。

输入要删除的程序号(如 O1234)。

确认是不是要删除的程序。

程序保护开关置为无效(OFF)。

按 DELET 键,该程序即被删除。

⑦ 显示程序内存使用量。

模式选择开关选择"EDIT"状态。

程序保护开关置为无效(OFF)。

按 PRGRM 键出现图 4-4 所示的画面。

PROGRN　NO USED:已经输入的程序个数(子程序也是一个程序)。

FREE:可以继续插入的程序个数。

MEMORY AREA USED:输入的程序所占内存容量(用数字表示)。

FREE:剩余内存容量(用数字表示)。

PROGRAM 的 ↓ 键或 ↑ 键,可以进行翻页。

按 RESET 键,可出现原来的程序画面。

```
PROGRAM            O0050    N0050
     SYSTEM EDITION         D25-02
     PROGRAM  NO  USED: 5     FREE:  58
MEMORY    AREA    USED: 424    FREE: 767
PROGRAM   LIBRARY
 O0001
 O0002
       .
       .

ADRS                SOT
                         EDIT
```

图 4-4　显示程序内存使用量画面

4)输入输出程序

(1)程序的输入。

① 连接输入输出设备,做好输入准备。

② 模式选择开关选择为编辑"EDIT"。

③ 按 PRGRM 键。

④ 程序保护开关置为无效(OFF)。

⑤ 输入程序号,按 INPUT 键。例如,输入 O0200 按 INPUT 键。

（2）程序的输出。

① 连接输入输出设备，做好输出准备。

② 模式选择开关选择为编辑"EDIT"。

③ 按 PRGRM 键。

④ 程序保护开关置为无效（OFF）。

⑤ 输入程序号，按 OUTPUT 键，例如，输入 O0200 按 OUTPUT 键。

5）刀具补偿（刀具的几何补偿和磨损补偿）

（1）刀具几何补偿的方法。

① 手动使 X、Z 轴回归机械原点，确认原点回归指示灯亮。

② 模式选择开关选择为手动进给、快速进给、原点复归几种状态中的一种。

③ 放下对刀仪（主轴上方），确定其合理位置后，CRT 出现图 4-5 所示画面。按 PAGE ↓ 键可以翻页，可进行 16 把刀具的几何形状补偿。

```
OFFSET/GEOMETRY        O0001  N0001

  NO     X        Z        R       T

  G01   -400.00  -300.00   0       0

  G02   -326.06  -266.15   0.8     3

   ....

  G08

  ACTUAL   POSTION  (RLATIVE)

  U  0.000          W0.000

  H  0.000

  ADRS             SOT

  EDIT
```

图 4-5　刀具几何补偿画面

④ 通过刀具选择开关选择所需刀具，按下刀具指定开关 INDEX 键，即可调出刀具（例如，调用 T0202 号刀具，选择开关手动选择刀具 02 号）。刀盘应有足够的换刀旋转空间，夹盘、工件、尾座顶尖、刀架之间不要发生干涉现象。

⑤ 移动光标至与之相对应的刀具几何形状补偿号，例如 G02。

⑥ 手动移动 X、Z 轴，使刀具的刀头分别接触对刀仪的 X 向和 Z 向，当机床发出接触的声音后再移开。

⑦ 对其他所需的刀具按⑤、⑥步骤进行刀具几何补偿，然后移开刀架回归至机械原点，将对刀仪放回原处。

⑧ 确认各刀具的刀尖圆弧半径 R（通常为 0.4、0.8、1.2），并输入数据库中相应的刀具补偿号。

⑨ 确认刀具的刀尖圆弧假想位置编号（如车外圆用左偏刀为 T3），并输入刀具数据库中相对应的刀具补偿号。所谓假想刀尖如图 4-6 所示。假想刀尖位置序号共有 10 个（0～9），如图 4-7 和图 4-8 所示

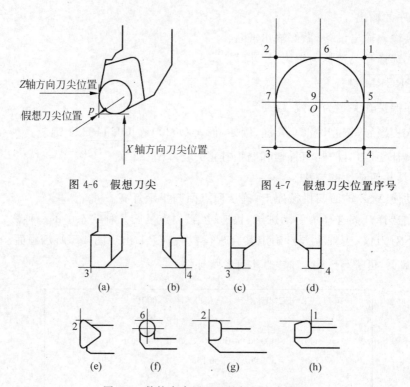

图 4-6　假想刀尖　　　　　图 4-7　假想刀尖位置序号

图 4-8　数控车床用刀具的假想刀尖位置

（a）右偏车刀；（b）左偏车刀；（c）右切刀；（d）左切刀；（e）镗孔刀；（f）球头镗；（g）内沟槽车刀；（h）左偏镗刀

（2）磨损补偿。

① 按 OFFSET 键后按 PAGE ↓ 键，使 CRT 出现图 4-9 所示画面。

OFFSET/WEAR		O0001	N0001	
NO	X	Z	R	T
W01	0.00	0.00	0	0
W02	-0.03	-0.05	0	0
…				
W08				

ACTURAL　　POSTION　　（RELATIVE）

U 0.000　　　　　　　　　　　W0.000

H 0.000

ADRS　　　　　　　　　　　　SOT

图 4-9　刀具磨损补偿画面

② 将光标移至所需进行磨损补偿的刀具补偿号位置。

例：测量用 T0202 刀具加工的外圆直径为 45.03mm，长度为 20.05mm；而规定直径应为 45mm，长度应为 20mm。实测值直径比要求值大 0.03mm，长度大 0.05mm，应进行磨损补偿。将光标移到 W02，输入 U−0.03 后按 INPUT 键，输入 W−0.05 后按 INPUT 键，X值变为在以前值的基础上加−0.03mm；Z 值变为在以前值的基础上加−0.05mm。

③ Z 轴方向的磨损与 X 轴方向的磨损补偿方法相同，只是 X 轴方向是以直径方式来计算值的。

a. 输入数据的命令符。

X 轴：（数值）U　INPUT
Z 轴：（数值）W　INPUT
C 轴：（数值）R　INPUT

b. 进行负方向补偿时数值前加负号。

6) 对程序零点（工作零点）

① 手动或自动使 X、Z 轴回归机械原点。

② 安装工件在主轴的适当位置，并使主轴旋转。

在模式开关"MDI"状态下输入 G97（G96）S ＿ M03（M04），按下 OUTPUT 键或"CYCLE START"按钮启动主轴旋转后，再按"CYCLE STOP"按钮暂停。

刀具选择开关选择 2 号刀具（2 号刀具为基准刀），并予以调用。

模式选择开关选择为手动进给、机动快速进给、零点回归三种状态之一。

提起 Z 轴功能测量按钮"Z-axis shift measure"，CRT 出现如图 4-10 所示画面。

```
WORT SHIFT                    O0001   N0001
 (SHIFT VALUE)               (MEASUREMENT)
     X        0.000              X 0.000
     Z      −15.031              Z0.000
     C        0.000              C0.000
ACTUARL    POSITION      (RELATIVE)
    U 0.000                      W0.000
    H0.000
    ADRS                             SOT
    ZRN
```

图 4-10　对程序零点画面图

③ 手动移动刀架的 X、Z 轴，使 2 号刀具接近工件 Z 向的右端面（图 4-11）。

④ 基准刀试切削工件端面，按下"POSITION RECORD"按钮，控制系统会自动记录刀具切削点在工件坐标系中 Z 向的位置，其数值显示在 WORK SHIFT 工作画面上。

⑤ X 轴不需进行对刀，因为工件的旋转中心是固定不变的，在刀具进行几何补偿时已经确定。

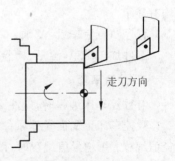

图 4-11　设置程序零点

7) 程序的执行

① 手动或自动回归机械原点。

② 模式开关处于"EDIT"状态，调出所需程序并进行检查、修改，确定完全正确，并按 RESET 键使光标移至程序最前端。

③ 模式开关置于"AUTO"状态。

按 PRGRM 键，按 PAGE ↑ 键，CRT 显示图 4-12 所示 PROGRAM CHECK 画面。

a. 将快速进给开关置为不同倍率（25%、50%或 100%），此进给速度为程序运行中 G00 速度，X 轴的最快速度为 8000mm/min，Z 轴的最快速度为 12000mm/min。

b. 选择"SINGLE BLOCK"按钮为有效或无效。

c. 刀具进给速度控制盘和主轴转速控制盘选择为适当的倍率。

```
PROGAM    CHECK              O0001      N0001
  O0001:
N1:
  G50  S1500;
  G0 G97 G99 S1000 T0201 F0.12 M03;
  (RELATIVE)(DISTANCE TO DO)            (G)
U125.30        X0.000              G00 G99 G25
  W56.250      Z0.000              G97 G21 G22
C0.000         C0.000             G69 G40
    F      S
    M      T                       SACT 0
ADRS                               SOT
          AUTO
```

图 4-12　PROGRAM CHECK 画面

按循环启动"CYCLE START"按钮，程序即开始进行，运行时可以调节进给倍率开关以调节进给速度，当旋钮调节至 0%时进给停止，主轴转速可以在设定值的 60%～120%中无级变速。图 4-12 所示画面中的"(DISTANCE TO DO)"可以比较程序运行过程中程序设定值与刀具当前位置。刀具的实际走刀量、转速及设置的走量、转速在图 4-12 所示画面中均有显示。

程序执行完毕后，X 轴、Z 轴均将自动回归机械原点。

工件加工结束，测量、检验合格后卸下工件。

2. 注意事项

对数控车床编程时，应注意以下事项。

数控车床上的回转体零件的径向尺寸都是以直径表达的，因而在用绝对值编程时，以直径值编程；用增量值编程时，以径向实际位移量的两倍编程，并有正负方向（正、负号）。

在一个程序中，根据图样上标注的尺寸，为了编程简便，可采用绝对值编程、增量编程或两者混合编程。由于车削加工常用棒料或铸、锻件作为毛坯,加工余量大,所以简化编程,尽可能利用固定循环功能编程。

编程时常认为车刀刀尖是一个点。而实际上是为了提高刀具寿命和工件表面质量,车刀刀尖常磨成一个半径不大的圆弧。因此为提高工件的加工精度,当编制圆头刀具程序时,需对刀具半径补偿。大多数数控车床都具有刀具半径补偿自动补偿功能(G41、G42),同时根据对刀的需要和解决刀具磨损问题,数控系统还具有刀具几何位置和刀具磨损补偿功能,以解决每把刀的位置差异和磨损问题。

任务二　数控铣削技术

一、数控铣的主要加工对象及特点

数控铣床的加工对象与加工中心相比,数控铣床除了缺少自动换刀功能及刀库外,其他方面均与加工中心类同,也可以对工件进行钻、扩、铰、锪和镗孔加工与攻丝等,但它主要还是被用来对工件进行铣削加工,这里所说的主要加工对象及分类也是从铣削加工的角度来考虑的。

1. 数控铣的主要加工对象

1) 平面类零件

加工面平行、垂直于水平面或其加工面与水平面的夹角为定角的零件称为平面类零件。目前,在数控铣床上加工的绝大多数零件属于平面类零件。平面类零件的特点是:各个加工单元面是平面,或可以展开成为平面,平面类零件是数控铣削加工对象中最简单的一类,一般只需用 3 坐标数控铣床的两坐标联动就可以把它们加工出来。

2) 变斜角类零件

加工面与水平面的夹角呈连续变化的零件称为变斜角类零件。这类零件多数为飞机零件,如飞机上的整体梁、框、缘条与筋等,此外还有检验夹具与装配型架等。变斜角类零件的变斜角加工面不能展开为平面,但在加工中,加工面与铣刀圆周接触的瞬间为一条直线。最好采用 4 坐标和 5 坐标数控铣床摆角加工,在没有上述机床时,也可用 3 坐标数控铣床上进行 2.5 坐标近似加工。

3) 曲面类(立体类)零件

加工面为空间曲面的零件称为曲面类零件。零件的特点其一是加工面不能展开为平面;其二是加工面与铣刀始终为点接触。此类零件一般采用 3 坐标数控铣床。

2. 数控铣床加工的特点

数控铣削加工除了具有普通铣床加工的特点外,还有如下特点。

(1) 零件加工的适应性强、灵活性好,能加工轮廓形状特别复杂或难以控制尺寸的零件,如模具类零件、壳体类零件等。

(2) 能加工普通机床无法加工或很难加工的零件,如用数学模型描述的复杂曲线零件以及三维空间曲面类零件。

(3) 能加工一次装夹定位后,需进行多道工序加工的零件。

(4) 加工精度高,加工质量稳定可靠。

(5) 生产自动化程序高,可以减轻操作者的劳动强度,有利于生产管理自动化。

(6) 生产效率高。

从切削原理上讲,无论是端铣或是周铣都属于断续切削方式,而不像车削那样连续切削,因此对刀具的要求较高,要求刀具具有良好的抗冲击性,韧性和耐磨性,在干式切削状况下,还要求有良好的红硬性。

二、数控铣的工艺分析与工艺装备

编写程序之前,首先要考虑编制加工工艺的问题。因为在普通机床上加工零件时,零件的加工工艺,实际上只是一个加工过程卡,在零件的加工过程中,切削用量等一些参数都可以由操作者根据经验自己决定。而数控机床是按照程序来工作的。因此对零件加工中所有的要求,都要体现在程序中。比如,加工顺序、加工路线、切削用量、加工余量、刀具尺寸、是否需要切削液等,都需要确定好并编到程序中。所以,编程人员不但要了解数控机床、数控系统的功能,而且还要掌握零件加工工艺,否则编制出的程序就不一定能正确、合理地加工出需要的零件来。

1. 加工工艺分析

1) 加工工序的划分

数控铣床的加工对象根据机床的不同也是不一样的。立式数控铣床一般适于加工平面凸轮、样板、形状复杂的平面或立式零件,以及模具的内、外型腔等。卧式数控铣床适于加工箱体、泵体、壳体等零件。

在数控铣床上加工零件,工序比较集中,一般只需一次装夹即可完成全部工序的加工。根据数控铣床的特点,为了提高数控铣床的使用寿命,保持数控铣床的精度,降低了零件的加工成本,通常是把零件的粗加工,特别是零件的基准面、定位面,在普通机床上加工。加工工序的划分通常有以下几种方法。

(1) 刀具集中分序法。这种方法就是按所用刀具来划分,用同一把刀具完成所有可以加工的部位,然后再换刀。这种方法可以减少换刀次数,缩短辅助时间,减小不必要的定位误差。

(2) 粗、精加工分序法。根据零件的形状、尺寸精度等因素,按粗、精加工分开的原则,先粗加工,再半精加工,最后精加工。

(3) 按加工部位分序法。即先加工平面、定位面,再加工孔;先加工形状简单的几何形状,再加工复杂的几何形状;先加工精度比较低的部位,再加工精度比较高的部分。加工工序确定以后,就是工件的装夹问题。一般情况下,在数控铣床上装夹零件时,尽量采用组合夹具以减少辅助时间。

2) 加工路线的确定

对于数控铣床加工路线是指刀具中心运动轨迹和方向。合理的选择加工路线,不但可以提高切削效率,还可以提高零件的表面精度。确定加工路线时应考虑以下几个方面。

(1) 尽量减少进、退刀时间和其他辅助时间。

（2）进、退刀位置应选在不太重要的位置，并且使刀具沿零件的切线方向进刀和退刀，以免产生刀痕。

（3）先加工外轮廓，再加工内轮廓。

3）切削用量的选择

切削用量是加工过程中的重要组成部分，合理地选择切削用量，不但可以提高切削效率还可以提高零件的表面精度，影响切削用量的因素有机床的刚度、刀具的使用寿命、工件的材料和切削液。

2. 工艺装备的选择

数控铣床的工艺装备主要是指夹具和刀具。

1）夹具

数控机床主要用于加工形状复杂的零件，但所使用夹具的结构往往并不复杂。数控铣床夹具的选用可首先根据生产零件的批量来确定。对单件、小批量、工作量较大的模具加工来说，一般可直接在机床工作台面上通过调整实现定位与夹紧，然后通过加工坐标系的设定来确定零件的位置。

对有一定批量的零件来说，可选用结构较简单的夹具。

2）刀具

数控铣床上所采用的刀具要根据被加工零件的材料、几何形状、表面质量要求、热处理状态、切削性能及加工余量等，选择刚性好、耐用度高的刀具。

（1）铣刀类型选择。

根据被加工零件的几何形状，选择刀具的类型有：

① 加工曲面类零件时，为了保证刀具切削刃与加工轮廓在切削点相切，而避免刀刃与工件轮廓发生干涉，一般采用球头刀，粗加工用两刃铣刀，半精加工和精加工用四刃铣刀。

② 铣大的平面时，为了提高生产效率和提高加工表面粗糙度，一般采用刀片镶嵌式盘形铣刀。

③ 铣小平面或台阶面时一般采用通用铣刀。

④ 铣键槽时，为了保证槽的尺寸精度，一般用两刃键槽铣刀。

⑤ 孔加工时，可采用钻头、镗刀等孔加工类刀具。

（2）铣刀结构选择。

铣刀一般由刀片、定位元件、夹紧元件和刀体组成。由于刀片在刀体上有多种定位与夹紧方式，刀片定位元件的结构又有不同类型，因此铣刀的结构形式有多种，分类方法也较多。选用时，主要可根据刀片排列方式。刀片排列方式可分为平装结构和立装结构两大类。

① 平装结构（刀片径向排列）。

平装结构铣刀的刀体结构工艺性好，容易加工，并可采用无孔刀片（刀片价格较低，可重磨）。由于需要夹紧元件，刀片的一部分被覆盖，容屑空间较小，且在切削力方向上的硬质合金截面较小，故平装结构的铣刀一般用于轻型和中量型的铣削加工。

② 立装结构（刀片切向排列）。

立装结构铣刀的刀片只用一个螺钉固定在刀槽上，结构简单，转位方便。虽然刀具零件较少，但刀体的加工难度较大，一般需用 5 坐标加工中心进行加工。由于刀片采用切削力夹紧，夹紧力随切削力的增大而增大，因此可省去夹紧元件，增大了容屑空间。由于刀片切向安装,在切削力方向的硬质合金截面较大,因而可进行大切深、大走刀量切削,这种铣刀适用于重型和中量型的铣削加工。

(3) 铣刀角度的选择。

铣刀的角度有前角、后角、主偏角、副偏角、刃倾角等。为满足不同的加工需要,有多种角度组合形式。各种角度中最主要的是主偏角和前角(制造厂的产品样本中对刀具的主偏角和前角一般都有明确说明)。

① 主偏角 κ_r。主偏角为切削刃与切削平面的夹角。铣刀的主偏角有 90°、88°、75°、70°、60°、45°等几种。

主偏角对径向切削力和切削深度影响很大。径向切削力的大小直接影响切削功率和刀具的抗振性能。铣刀的主偏角越小,其径向切削力越小,抗振性也越好,但切削深度也随之减小。

a. 90°主偏角。在铣削带凸肩的平面时选用,一般不用于纯平面加工。该类刀具通用性好(既可加工台阶面,又可加工平面),在单件、小批量加工中选用。由于该类刀具的径向切削力等于切削力,进给抗力大,易振动,因而要求机床具有较大功率和足够的刚性。在加工带凸肩的平面时,也可选用 88°主偏角的铣刀,较之 90°主偏角铣刀,其切削性能有一定改善。

b. 60°~75°主偏角。适用于平面铣削的粗加工。由于径向切削力明显减小(特别是 60°时),其抗振性有较大改善,切削平稳、轻快,在平面加工中应优先选用。75°主偏角铣刀为通用型刀具,适用范围较广;60°主偏角铣刀主要用于镗铣床、加工中心上的粗铣和半精铣加工。

c. 45°主偏角。此类铣刀的径向切削力大幅度减小,约等于轴向切削力,切削载荷分布在较长的切削刃上,具有很好的抗振性,适用于镗铣床主轴悬伸较长的加工场合。用该类刀具加工平面时,刀片破损率低,耐用度高;在加工铸铁件时,工件边缘不易产生崩刃。

② 前角 γ。铣刀的前角可分解为径向前角 γ_f 和轴向前角 γ_p。径向前角 γ_f 主要影响切削功率;轴向前角 γ_p 则影响切屑的形成和轴向力的方向,当 γ_p 为正值时切屑即飞离加工面。

常用的前角组合形式如下。

a. 双负前角。双负前角的铣刀通常均采用方形(或长方形)无后角的刀片,刀具切削刃多(一般为 8 个),且强度高、抗冲击性好,适用于铸钢、铸铁的粗加工。由于切屑收缩比大,需要较大的切削力,因此要求机床具有较大功率和较高刚性。由于轴向前角为负值,切屑不能自动流出,当切削韧性材料时易出现积屑瘤和刀具振动。

凡能采用双负前角刀具加工的情况下建议优先选用双负前角铣刀,以便充分利用和节省刀片。当采用双正前角铣刀产生崩刃(即冲击载荷大)时,在机床允许的条件下也应优先选用双负前角铣刀。

b. 双正前角。双正前角铣刀采用带有后角的刀片,这种铣刀楔角小,具有锋利的切削刃。由于切屑收缩比小,所耗切削功率较小,切屑成螺旋状排出,不易形成积屑瘤。这种铣刀最宜用于软材料和不锈钢、耐热钢等材料的切削加工。对于刚性差(如主轴悬伸较长的镗铣床)、功率小的机床和加工焊接结构件时,也应优先选用双正前角铣刀。

c. 正负前角(轴向正前角、径向负前角)。这种铣刀综合了双正前角和双负前角铣刀的优点,轴向正前角有利于切屑的形成和排出;径向负前角可提高刀刃强度,改善抗冲击性能。此种铣刀切削平稳,排屑顺利,金属切除率高,适用于大余量铣削加工。瓦尔特公司的切向布齿重切削铣刀 F2265 就是采用轴向正前角、径向负前角结构的铣刀。

（4）铣刀的齿数（齿距）选择。

铣刀齿数多,可提高生产效率,但受容屑空间、刀齿强度、机床功率及刚性等的限制,不同直径的铣刀的齿数均有相应规定。为满足不同用户的需要,同一直径的铣刀一般有粗齿、中齿、密齿三种类型。

① 粗齿铣刀。适用于普通机床的大余量粗加工和软材料或切削宽度较大的铣削加工;当机床功率较小时,为使切削稳定,也常选用粗齿铣刀。

② 中齿铣刀。通用系列,使用范围广泛,具有较高的金属切除率和切削稳定性。

③ 密齿铣刀。主要用于铸铁、铝合金和有色金属的大进给速度切削加工。在专业化生产(如流水线加工)中,为充分利用设备功率和满足生产节奏要求,也常选用密齿铣刀(此时多为专用非标铣刀)。

（5）铣刀直径的选择。

铣刀直径的选用视产品及生产批量的不同差异较大,刀具直径的选用主要取决于设备的规格和工件的加工尺寸。

① 平面铣刀。选择平面铣刀直径时主要需考虑刀具所需功率应在机床功率范围之内,也可将机床主轴直径作为选取的依据。平面铣刀直径可按 $D=1.5d(d$ 为主轴直径)选取。在批量生产时,也可按工件切削宽度的 1.6 倍选择刀具直径。

② 立铣刀。立铣刀直径的选择主要应考虑工件加工尺寸的要求,并保证刀具所需功率在机床额定功率范围以内。如选用小直径立铣刀,则应主要考虑机床的最高转数能否达到刀具的最低切削速度(60m/min)。

③ 槽铣刀。槽铣刀的直径和宽度应根据加工工件尺寸选择,并保证其切削功率在机床允许的功率范围之内。

（6）铣刀的最大切削深度。

不同系列的可转位面铣刀有不同的最大切削深度。最大切削深度越大的刀具所用刀片的尺寸越大,价格也越高,因此从节约费用、降低成本的角度考虑,选择刀具时一般应按加工的最大余量和刀具的最大切削深度选择合适的规格。当然,还需要考虑机床的额定功率和刚性应能满足刀具使用最大切削深度时的需要。

（7）刀片牌号的选择。

合理选择刀片硬质合金牌号的主要依据是被加工材料的性能和硬质合金的性能。一般选用铣刀时,可按刀具制造厂提供加工的材料及加工条件,来配备相应牌号的硬质合金刀片。

由于各厂生产的同类用途硬质合金的成份及性能各不相同,硬质合金牌号的表示方法也不同,为方便用户,国际标准化组织规定,切削加工用硬质合金按其排屑类型和被加工材料分为三大类:P 类、M 类和 K 类。根据被加工材料及适用的加工条件,每大类中又分为若干组,用两位阿拉伯数字表示,每类中数字越大,其耐磨性越低、韧性越高。

① P 类合金(包括金属陶瓷)用于加工产生长切屑的金属材料,如钢、铸钢、可锻铸铁、不锈钢、耐热钢等。其中,组号越大,则可选用越大的进给量和切削深度,而切削速度则应越小。

② M 类合金用于加工产生长切屑和短切屑的黑色金属或有色金属,如钢、铸钢、奥氏体不锈钢、耐热钢、可锻铸铁、合金铸铁等。其中,组号越大,则可选用越大的进给量和切削深

度,而切削速度则应越小。

③ K 类合金用于加工产生短切屑的黑色金属、有色金属及非金属材料,如铸铁、铝合金、铜合金、塑料、硬胶木等。其中,组号越大,则可选用越大的进给量和切削深度,而切削速度则应越小。

三、数控铣床的操作

1. 数控铣床操作方式的选择

1）操作方法

操作面板由控制系统操作面板和机床控制操作面板所组成。

（1）控制系统操作面板。FANUC 0i 控制系统的操作面板能显示文字、数字、符号及图形,也可以通过键盘输入信息,将字符显示在荧光屏上,还可以进行删改、编辑功能,是人机对话的主要工具。

控制系统操作控制面板中的按键主要由 4 部分所组成,即字母地址与数字键、光标移动与换页键、程序编辑与功能键、CRT 软键。

（2）机床控制操作面板。机床控制操作面板主要由各种按钮、开关及指示灯所组成。主要用于控制机床的运行状态。虽然不同的机床生产厂家机床控制操作面板形式略有不同,但工作方式、各主要按钮功能及操作方法均是相同的。这些按钮与旋钮中,最重要的一个旋钮（或一组按钮）就是"操作方式选择"旋钮,开机后首先选择机床的工作方式,其他按钮或旋钮都是在确定的工作方式下起不同的作用。表 4-1 列出了机床机械操作面板中的按钮、旋钮及开关功能。

表 4-1　机床控制操作面板中各按钮、旋钮及开关的功能

电源开/关按钮 （CNC POWER ON/OFF）	开(ON)：接通 CNC 电源；关(OFF)：断开 CNC 电源
操作方式选择旋钮 （MODE SELECT）	选择相应的操作方式,操作方式包括程序编辑（DEIT）、自动（AUTO）方式、手动数据输入（MDI）方式、用手摇脉冲发生器（手轮-JOG HANDLE）手动操作工作台运动、手动快速（RAPID）进给、机床回原点（回零-ZRM）等,机床的一切运动操作方式均是在该旋钮控制下进行的
循环启动按钮 （CYCLE START）	在自动方式下按下此按钮,按钮内的指示灯亮,系统开始自动运行所选择的加工程序
进给速率修调旋钮 （FEEDRATE OVERRIDE）	该旋钮也称为进给速度倍率旋钮。程序中以给定速度运行时,速率可在 0%～150%范围内进行修调
单步按钮 （SBK）	在自动方式下按下此按钮,运行完一段程序后,机床会自动停止,再按循环启动按钮,往下执行下一段程序,即一段一段地执行加工程序
跳步按钮 （JBK）	在自动方式下按下此按钮,跳过程序的任选程序段。能使程序中含有跳步号"／"的程序段不执行
空运行按钮 （DRN）	在自动方式下按下此按钮,机床快速移动运行加工程序,此时的速度不受程序中给定的 F 速度限制；该按键主要用于在锁定机床的情况下快速校验加工程序

续表

Z轴锁定按钮 （ZLK）	在 MDI 或手动方式下按下此按钮，Z 轴不会产生移动，程序在执行时，CRT 上仍然会显示 Z 轴的移动位置变化
机床锁定按钮 （MLK）	在 MDI 或手动方式下按下此按钮，伺服系统将不进给，机床刀具不会产生移动，程序在执行时，CRT 上仍然会显示各坐标轴的移动位置变化
选择停按钮 （OPS）	在自动方式下，按下此按钮，执行完程序中有"M01"指令的程序段后，停止执行程序；若程序中没有"M01"指令，仍然继续运行程序
程序再启动按钮	当执行程序中有"M01"指令程序停止执行后，希望继续运行停止后的程序，需按下此按钮；有的机床用"循环启动"按钮代替该按钮
急停按钮 （E-STOP）	在当出现紧急情况时，按下此按钮（按下后该按键会自锁），伺服系统及主轴运转停止，机床全部复位；要机床继续工作需弹起该按钮
机床复位按钮 （MACHINE RESET）	当机床刚通电时按下此按钮，机床会进行强电复位并接通伺服，待机床自检完毕后可以进行其他操作
程序保护开关（带锁） （PROGRAM PROTECT）	当开关处于"OFF"的位置时禁止数据写入程序存储器，以防止误操作而破坏存储器中的程序或参数可以保护存储器的程序内容和机床参数；若要修改机床的参数和程序的数据。则需要将开关位于"ON"位置
进给保持按钮 （FEED HOLD）	按下此按钮机床会立即减速、停止进给，但主轴仍然在转动
手动轴选择旋钮 （JOG AXIS SELECT）	在手动方式下选择手动进给轴（X、Y、Z 或第 Ⅳ 轴）与，此旋钮下方的"＋""－"号按钮表示进给轴运动方向
快速倍率修调旋钮 （RAPIDRATE OVERRIDE）	可对系统给的快速倍率在 0％～100％ 范围内进行修调
主轴转速修调按钮 （SPINDLE MANUAL）	在自动或手动方式下，可在 50％～120％ 范围内修调主轴转速
主轴启/停手动按钮 （SPINDLE MANUALOPERATE）	在手动方式下可以启动主轴的正转（CW）、反转（CCW）或停止（STOP）
手动冷却液按钮	在手动方式下可以开启冷却液（ON）或关闭冷却液（OFF）；当按下此按钮，内部指示灯亮时，则切削液喷出；再按此按钮则指示灯熄灭，切削液停止喷出；该按钮位于操作面板的右边
刀库正/反转手动按钮	该系统用于加工中心时，该两个按钮在手动方式下可以启动刀库的刀盘正转或反转

注：该数控铣床控制系统附带手摇脉冲发生器（MANUAL PULSE GENNERATOR），其手轮轴向选择（AXIS SELECT）旋钮和手摇脉冲倍率（HANDLE MULTIPLIER）旋钮与手摇脉冲发生器单一独立装置用导线与控制系统连接。手轮轴向选择旋钮在手轮操作方式下，可以使转动手摇脉冲发生器沿正方向或负方向控制所选择的轴所选择的轴进行移动；手摇脉冲倍率旋钮在手轮操作方式下，用于选择手摇脉冲进给时最小脉冲的倍率大小，脉冲当量分别为 $1\mu m$、$10\mu m$、$100\mu m$。

2）操作方式选择

数控机床进行手动操作或自动控制都必须是在选择好相应的操作方式前提下，才可以实现对应的控制，其操作方式的种类有"编辑"、"手动"、"自动"等，见表 4-1，机床的一切运动和控制都是围绕这些操作方式进行的。

（1）编辑方式。程序的输入、编辑和存储方式。程序的输入、存储、编辑和调用都必须在该方式下执行。

（2）自动方式。程序的自动运行方式。编辑以后的程序可以在这个方式下执行，程序继续运行，机床就可以加工出零件。自动方式下的机床控制是通过程序中的 G 代码，运动字和 M、S、T 等指令来达到机床控制要求，同时也可以诊断程序格式的正确性。

（3）MDI 方式。手动数据输入方式。可用于数据（如参数、刀偏量、坐标系等）的输入，该方式也可以用来直接执行单个（或几个）指令或单段（或几段）程序进行控制。如 S200 M03，或者是 G00 X100.0 Y50.0。它是通过控制面板上的 INSERT 键输入指令或程序段，通过操作面板上的循环启动按钮来执行的。输入指令或程序时不需要编写程序名和程序段号，并且指令或程序一旦执行完后，就不再驻留在内存。

（4）手轮方式。手摇脉冲发生器方式。摇动手轮来移动机床，而实现进给运动。在这个方式下，通过摇动脉冲器来达到机床移动控制的目的。机床 X 轴、Y 轴或 Z 轴的移动是通过手轮上的轴选择旋钮来控制，而移动方向是通过手轮上的"＋"、"－"符号来控制的；机床轴向移动的快慢是通过选择手轮倍率挡位进行控制。例如当手轮上的轴向选择旋钮指向 X 轴，且手轮倍率选择"×100"挡位时，则手轮每移动一个脉冲机床就移动 0.1mm。

（5）手动方式。手动进给方式。使用点动按键使机床朝某方向轴的进给移动。手动方式也是增量进给方式，在该方式下，按住机床操作面板中某轴的方向按键不放时，则该轴向对应方向作连续地移动。而每按一次方向按键时，机床只移动一个脉冲当量。

（6）快速方式。手动快进给方式。快速移动各轴进给。

（7）回零方式。机床一通电后，手动返回机床原点，只有先进行机床回零，才可以执行自动运行等操作。在回零方式下，一般 Z 轴先回零，然后 X、Y 轴回零，它们朝着各坐标轴的正方向自动回零，回机床原点结束后对应的指示灯亮。

（8）示教方式。手轮示教方式。对于简单零件，在此方式下，通过手轮移动进给轴可以找到加工所需要的实际位置，然后再根据要求加入适当指令，编制出所需要的加工程序。

（9）DNC（或 TAPE）方式。直接数控方式。在此方式中，机床可以和外部设备（如计算机）进行通信，执行存储在外部设备中的程序。如计算机可一边传输程序机床一边加工（称为在线加工），可不受 CNC 系统内存容量的限制。

3）注意事项

每次开机前要检查一下铣床后面润滑油泵中润滑油是否充裕，空气压速机是否打开，切削液所用的机械油是否充足等。

开机后让机床运转 15min 以上，以使机床达到热平衡状态。

2. 数控铣床的手动操作

1）操作方法

使用机床操作面板上的开关、按钮、旋钮或手轮，用手动操作可移动刀具沿各坐标轴方向移动。机床接通电源自检完毕且 CRT 显示为正常后，才可以进行手动操作和其他操作。

① 开、关机操作。

开机步骤：

a. 接通总电源开关。

b. 接通机床侧面的电源开关。

c. 按下控制面板上 ON 按钮，接通数控系统电源。

关机步骤：

a. 按下控制面板上的 OFF 按钮，断开数控系统电源。

b. 切断机床电源开关。

c. 切断总电源开关。

② 回零操作。在运行程序前必须先进行机床回零操作，即将主轴回到机床原点（参考点），以建立正确的机床坐标系。有手动回机床原点和自动回机床原点两种方法。通常情况下，在开机后首先手动回机床原点。

操作步骤：

a. 将操作方式选择旋钮置于"回零"位置。

b. 通过手动轴选择旋钮分别选择回零轴。

c. 按正方向按钮（有的机床在回零方式下直接分别按住机床操作面板上的＋Z、＋Y、＋X 移动按钮），所选轴即可回机床原点。

d. 当坐标轴回机床原点时，CRT 上的 X、Y、Z 坐标值产生变化，当变为"0.000"时，回零指示灯亮，这说明 X、Y、Z 轴已经达到了机械原点的位置，它们的机械坐标值都为"0"。

若机床有第四轴时，其回零的操作方法与其他轴相同。

③ 手动进给操作。手动连续进给每次只能移动一个轴的运动。

操作步骤：

a. 将操作方式选择旋钮置于"手动"位置。

b. 通过手动轴的选择旋钮和方向按钮，选择需要移动的轴和方向，即在控制面板上选择坐标轴和方向按钮（有的机床可直接分别按住机床操作面板上的＋X 或－X、＋Y 或－Y、＋Z 或－Z 移动按钮）。

c. 按住手动按钮，可以实现该轴的连续进给，松开按钮，则该轴停止移动。若要改变进给速度的快慢可通过调整进给倍率旋钮来实现。

④ 多手动快速进给操作。快速进给速度的快慢、时间常数及加减速方式与程序指令中快速进给（G00 指令）相同，它都是由系统参数决定的。

操作步骤：

首先将操作方式旋钮置于"快速"位置。

后面的操作与手动进给操作相同。

⑤ 手摇脉冲进给操作。在实际生产中，使用手摇脉冲发生器可以让操作者容易控制和观察机床移动情况。

操作步骤：

a. 将操作方式旋钮置于"手轮"位置。

b. 选择所需要移动的坐标轴，选择手动脉冲倍率。

c. 转动手动脉冲发生器，右转为正方向移动，左转为负方向移动。

d. 主轴手动启/停操作。将操作方式旋钮置于"手动"位置，按下机床控制面板的主轴的 CW（正转）、CCW（反转）或 SOPT（停止）按钮，即可启/停主轴。

⑦ 冷却泵的启/停操作。将操作方式旋钮置于"手动"位置，按下机床控制面板的冷却液 ON 或冷却液 OFF 按钮，即控制机床冷却泵的开启与关闭。

⑧ 急停操作。在任何方式下，凡在遇到紧急情况时，应立即按下急停按钮，使机床移动

立即停止,并把所有的输出全部关闭且机床报警。待旋转急停按钮使其复位后才能解除报警,但所有的操作都需重新启动。

⑨ 修调进给速度倍率与主轴转速倍率操作。进给速度倍率旋钮和主轴转速倍率旋钮在手动或自动方式下均有效。在机床运行过程中,发现进给速度或主轴转速过高或过低,可立即调整旋钮的位置,以修整事先确定的速度。

2) 急停开关的使用方法

急停开关是机床制造商为了提高机床的安全性而设计的一个紧急按钮,在机床加工运行过程中遇到危险情况可迅速中止机床程序的执行。此开关为红色,大而醒目。当急停开关被按下后,机床通常有以下几种现象:机床全部运动停止,全部轴驱动断电;所有辅助功能复位,机床面板显示急停报警信息;参考点丢失(根据机床电路设计不同,部分机床参考点不丢失,特别是全闭环系统)。

(1) 当机床被急停后,要恢复加工,解除急停的步骤如下。

① 按旋钮上标示的旋转方向旋动急停按钮,松开急停开关。

② 按机床面板上的复位键,解除急停报警提示。

③ 重新上电启动(机床恢复初始状态),将机床刀具移开、远离工件。通常,机床需要重回参考点,机床故障被解除后,可重新加工。

(2) 当加工中遇到如下的情况时使用急停。

① 自动加工时,操作失误(如对刀,编程错误)导致刀具冲向工件或夹具,且来不及手动停止时。

② 工件装夹不紧,切削力大,加工声音异常,工件随时有可能甩出时。

③ 培训新员工,新手操作失误导致碰撞危险,机床尚未停止时。

(3) 操作注意事项。

急停开关也是易损件,应用手掌轻拍。不可用拳打、脚踏。使用频率不宜过高,仅在紧急时使用。

紧急情况时一定要用,因为它大而醒目,操作快而且直接,能有效减少损失。

3. 数控铣床程序的输入、编辑与检索

1) 键盘输入程序

当输入、编辑程序时,需将程序保护开关 PROGRAM　PROTECT 右旋打开,即进行程序保护解锁。

操作步骤:

① 将操作方式旋钮置于"编辑"位置。

② 按功能键(进入程序画面)。

③ 输入程序名"O _____"(程序名不可以与已有的程序名重复)。

④ 按插入键(屏幕上显示刚输入的内容)。

⑤ 按结束键 EOBE 。

⑥ 按插入键(换行),换行以后逐段输入程序内容,每段程序以 EOBE 为结束符,每输入一个完整的程序段后按一次插入键,直到输入完毕为止,且程序会即时自动保存。

例如,输入程序号:"O0006",按下插入键这是程序上显示新建立的程序名,按 EOBE

键结束,按换行后接下来可以输入程序内容,在输入到一行程序结尾时按 EOBE 键,然后再按插入键,程序段会自动换行,光标出现在下一行的开头。

2) 程序编辑

程序的编辑包含程序段或字符的插入、替换与删除。

(1) 程序字符的插入。在"编辑"方式下进入程序显示画面,用光标键移动到某个程序段中的字符位置,然后用键盘输入要插入的字符或数字,再按插入键,即完成程序字的插入。

例如,使用光标键,将光标移到需要插入的后一位字符上,输入要插入的字,如输入"X20",按插入键,光标所在字符之前出现新插入的字符。

(2) 程序字符的替换。在"编辑"方式下进入程序显示画面,移动光标到需要替换字符的位置上,再输入所需要的字符,按下 ALTER 键即可替换。

例如:N100 G00 X100.0 Y120.0 M08
　　　　　　　　　　　　　　　　↑光标现在位置

要变更为"M09"时输入要替换的字符"M09"按 ALTER 键即可替换,替换后程序段为

N100 G00 X100.0 Y120.0 <u>M09</u>
　　　　　　　　　　　　↑光标现在的位置,变更后的字符

(3) 程序字符的删除。在"编辑"方式下进入程序画面,将光标移到要删除字符的位置,按下删除键 DELET 即可删除需删除的字符。

例如:N100　G00　X100.0　<u>Y120.0</u>　M09
　　　　　　　　　　　　↑光标现在的位置

要删除"Y120.0"时按下删除键 DELET ,则当前光标所指的字即被删除。

(4) 输入过程中删除字符。在输入过程中,即字母或数字还在缓存区,没有按插入键的时候,可以使用取消键 CAN 来进行删除。每按一次 CAN 键可删除光标前的一个字符。

3) 程序的删除

(1) 删除当前显示的程序。在"编辑"方式下,按程序键 PRGRM ,输入要删除的程序名,按下删除键 DELET 即可删除该程序。

(2) 删除目录中某个程序。在"编辑"方式下,按程序键 PRGRM ,再按软键,屏幕中显示系统内部所有程序名,输入欲删除的程序名,按下删除键 DELET 即可删除该程序。

(3) 删除内存中的全部程序。在"编辑"方式下,按程序键 PRGRM ,输入地址"O",输入"−9999",按下删除键 DELET ,全部的程序即被删除。

4) 程序的检索

程序的检索可用来查找程序中的字符、程序段和系统中的程序。

(1) 指令字检索。在"编辑"方式下,可以通过换页键和移动光标寻找所要检索的指令字。但这种方式太慢,通常是通过输入要检索的指令字的字符,再按下软键后开始检索。检索结束后就会显示出该指令字。具体的操作步骤如下。

① 将操作方式旋钮置于"编辑"位置,按功能键进入程序显示画面。

② 按操作软键。

③ 按最右侧带有向右箭头的菜单继续键,直到软键中出现检索软键。

④ 输入需要检索的字,如要检索"M03"则输入"M03"。

⑤ 按检索键。带向下箭头的检索键为从光标所在位置开始向下检索,带向上箭头的检索键为从光标所在位置开始向上进行检索,根据需要选择一个检索键。

⑥找到目标字后,光标定位在该指令上。

(2) 程序段检索。在"编辑"方式下,按程序键 $\boxed{\text{PRGRM}}$,再按系统软键,屏幕上没有显示程序名列于表画面,再按地址键 O 并输入要检索的程序号,如输入"O0001",在输入程序号的同时,显示屏下方出现【O 检索】软键,再按【O 检索】软键或按光标键 $\boxed{\downarrow}$ 后,显示屏上显示"O0001"这个程序的程序内容。被检的指令字、程序段序号或程序号不存在时系统会报警。

4. 数控铣床刀具补偿值的设定和对刀方法

1) 操作方法

刀具补偿值包括刀具半径和刀具长度补偿,如果使用了刀具补偿,每一把刀具在加工结后,必须取消其刀具补偿。

(1) 刀具补偿值的设定方法。

操作步骤:

① 将操作方式选择旋钮置于"MDI"位置。

② 按功能键,补偿偏置号会显示在窗口上,如果屏幕上没有显示该界面,可以按补正软键打开界面。

③ 移动光标 $\boxed{\uparrow}$ 或 $\boxed{\downarrow}$ 键到输入或修改的偏置号,如果设定 009 号刀的形状(H),可以使用光标键将光标移到需要设定刀补的地方。

④ 输入偏置值,按 $\boxed{\text{RESET}}$ 键,即输入到指定的偏置号内,如输入数值"−1.0"。

⑤ 在输入数字键的同时,软键盘中出现输入软键,如果要修改输入的值,可以直接输入新值,然后按输入键或输入软键。也可以利用"＋"键输入软键,在原来补偿值的基础上,添加一个输入值作为当前的补偿值。

(2) 对刀方法。对刀是数控加工中的主要操作和重要技能。对刀的准确性决定了零件的加工精度,同时,对刀效率还直接影响数控加工效率。在数控铣床的操作与编程中,弄清楚基本坐标关系和对刀原理是两个非常重要的环节。这对更好地理解数控机床的加工原理,以及在处理加工过程中修改尺寸偏差有很大的帮助。

一般情况下,在机床加工过程中,通常使用两个坐标系:一个是机床坐标系,另外一个是工件坐标系。对刀的目的是为了确定工件坐标系与机床坐标系之间的空间位置关系,即确定对刀点相对工件坐标原点的空间位置关系。将对刀数据输入到相应的工件坐标系设定的存储单元,对刀操作分为 X、Y 向和 Z 向对刀。

根据现有条件和加工精度要求选择对刀方法,目前常用的对刀方法有两种:简易对刀法(如试切对刀法、寻边器对刀、Z 向设定器对刀)和对刀仪自动对刀。下面用一个实例来说明铣削加工时,利用简易对刀法对刀的过程。被加工零件图样如图 4-13 所示,确定了工件坐标系后,可用以下方法进行对刀。

具体步骤:

① 机床回参考点,建立机床坐标系。

② 装夹工件毛坯,并使工件定位基准面与机床坐标系对应坐标轴方向一致。

③ 用简易对刀法进行测量。用直径 $\phi10$mm 的标准测量棒、塞尺对刀,得到测量值 $X=-346.547$,$Y=-265.720$(图 4-14),$Z=-25.654$(图 4-15)。

通过计算可得:$X'=-346.547+5+0.1+35=-306.447$

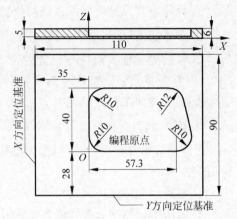

图 4-13　简易对刀零件

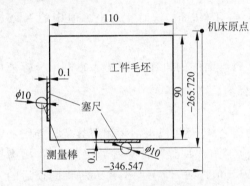

图 4-14　X、Y 方向对刀

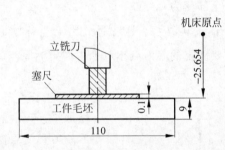

图 4-15　Z 方向对刀

其中,-346.547 为 X 坐标显示值,5 为测量棒半径值,0.1 为塞尺厚度,35 为编程原点到工件定位基准在 X 坐标方向的距离。

$$Y'=-265.720+5+0.1+28=-232.620$$

其中,-265.720 为 Y 坐标显示值,5 为测量棒半径值,0.1 为塞尺厚度,28 为编程原点到工件定位基准面在 Y 坐标方向的距离。

$$Z'=-25.654-0.1-9=-34.754$$

其中,-25.654 为 Z 坐标值,0.1 为塞尺厚度,9 为零件厚度。

得到上述数据后,在 MDI 方式下,进入工件坐标系设定页面,在 G54~G59 任一栏内置入如下数据:Z=-306.447,Y=-232.620,Z=-34.754,置入数据后(置入方法见后),即完成对刀的过程。

对于以孔心或轴心作为工件原点的零件。X、Y 方向的对刀方法可使用百分表或寻边器找正中心。

(3) 工件坐标系的设定。对刀后将对刀数据输入到相应的存储单元即为工件坐标系的设定。在本系统中设置 G54~G59 六个可供操作者选择的工件坐标系。具体可根据需要选用其中的一个或同时选用几个来确定一个或几个工件坐标系,即一个或多个工件同时进行加工。

操作步骤:

① 操作方式选择旋钮可在任何位置。

② 按功能键（可连续按此键会在不同的窗口切换），也可以按软键盘中的软键 坐标系 。

③ 移动光标使其对应与设定的位置号码，如要设定工件坐标系为"G54 X20.0 Y50.0 Z30.0"，首先将光标移到 G54 的位置上。

④ 按工件加工起点位置对刀后，分别输入起刀点相对工件坐标原点的 X、Y、Z 值及按 ALTER 键，起刀点坐标值即显示在屏幕上。

工件坐标系设定后，要获得起刀点相对于工件坐标系原点之间空间位置关系的三个坐标值的方法如下。

① 将操作方式选择旋钮置于"手动"位置。

② 使用手摇脉冲发生器使机床铣刀中心点精确定位到对刀点的位置。

③ 按功能键 POS ，并用换页键（或按软键 相对 ）找到相对应坐标值画面，分别按字母键 X、Y、Z，及软键 起源 ，依次清除 X、Y、Z 轴的相对坐标值，这时相对坐标值中的 X、Y、Z 值去全部变为 0.000。

④ 按软键 综合 会显示出综合坐标画面，这时画面中的机床坐标显示的机床坐标值即为所要确定的起刀点相对于工件坐标原点的坐标值。

2）注意事项

刀具半径补偿除有上述的半径、长度补偿功能之外，还可以灵活运用刀具半径补偿功能

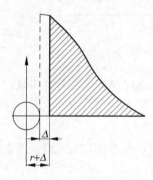

图 4-16　粗、精加工

做加工过程中的其他工作。如当刀具磨损半径变小后，用磨损后的刀具值更换原刀具值即可，即用手工输入法将磨损后的刀具半径值输入到原 D 代码所在的存储器中即可，而不必修改程序。也可以利用此功能，通过修正刀偏值，完成粗、精加工。如图 4-16 所示，若留出精加工余量 Δ，可在粗加工前给定补偿号的刀具半径存储器中输入数值 $r+\Delta$ 的偏置量（r 为刀具半径）；而精加工时，程序调用另一个刀具补偿号，该刀具补偿号中的刀具半径偏置量输入为 r，通过调用不同的补偿号完成粗、精加工。同理，通过改变偏置量的大小，可控制零件轮廓尺寸精度对加工误差进行补偿。

5. 数控铣床的自动操作

1）操作方法

自动加工程序的容量大小可分为三种方式进行。当加工程序段很少甚至是单段程序时，可采用"MDI"方式自动运行；当加工程序的容量不超过系统内存容量时，可以将加工程序去全部输入到系统存储器单元内，实现"自动"方式下的自动加工；当加工程序的容量大于系统内存容量时，可以采用计算机的 RS-232 接口与数控机床联机 DNC 方式进行自动加工，存在计算机的磁盘上的加工程序，一段段的被调入 CNC 系统中进行加工。执行此种方式的条件是：计算机必须安装相应的通信软件，计算机侧和 CNC 侧均要设定对应参数，如通信口、波特率、停止位和传输代码（ISO 或 EIA 码），另外还要按 FANUC 要求使用 RS-232C 口的电缆传输线，如果机床经常出现报警说明这些条件不满足。

（1）MDI方式。打开程序保护开关 PROGRAM PROTECT，即钥匙右旋进行程序解锁。

操作步骤：

① 将操作方式选择旋钮置于"MDI"位置。

② 按程序键，打开程序显示界面，并按软键 MDI，屏幕切换到 MDI 界面，系统会自动显示程序号"O0000"。

③ 输入相应的指令或单段（几段）程序后按 EOB 键。

④ 按插入键确认。

⑤ 使用光标键，将光标移动程序开头。

⑥ 按机床循环启动按钮（循环启动按钮内的灯会亮），开始执行所输入的指令或程序段。

例如，输入"G01 X100 Y100 F300"，可以使 X、Y 轴工作台按给定的速度进给。又如输入"S1000 M03"，可以启动主轴按给定的转速转动，当执行完指令或程序会自动解除。

（2）自动方式。

操作步骤：

① 预先将程序存入存储器中。

② 将操作方式选择旋钮置于 AUTO 位置。

③ 按程序键 PRGRM，进入程序画面。

④ 输入准备运行的程序号，按光标键 ↓，即可调出存储器中要运行的程序，或按软键【O 检索】，调出要运行的程序。

⑤ 按复位键 RESET 使光标移到程序的开始处。

⑥ 按下循环启动按钮，则系统开始自动运行所选择的加工程序。在加工速程中可通过调整进给速率修调旋钮和主轴转速修调旋钮调整进给速度和主轴速度。

注：加工前刀具要离开工件一段安全距离。零件程序在自动执行过程中可以停止或中断。其操作方法有：按下循环启动按钮（使循环启动按钮弹起）以停止零件程序的执行，然后再次按下循环启动按钮可以从中断处继续运行；按 RESET 键中断加工零件程序的执行，按下循环启动按钮，则程序从头开始执行。

（3）DNC方式。

操作步骤：

① 用一台计算机安装 NC 程序的传输软件，根据传输具体要求设置好传输参数。

② 通过 RS-232 串行端口将计算机和数控机床进行连接。

③ 将操作方式选择旋钮置于"DNC"位置。按程序键 PRGRM，屏幕会显示出程序画面。

④ 在计算机上选择要进行传输 NC 加工程序，并按传输命令（计算机等待反馈信号）。

⑤ 按下机床的循环启动按钮，开始联机自动加工。

注：联机自动加工前一定要确定计算机内 NC 加工程序正确无误。

2）注意事项

① 利用 DNC 功能进行在线加工前，必须在计算机上借助编程软件强大的图形功能仔

细检查加工程序是否正确。

② 铣床出现报警时，要根据报警号查找原因，及时解除报警，不可关机了事，否则开机后仍处于报警状态。

6. 数控铣床的程序传输与校验

1）加工程序的传输

如果控制系统内存容量可完全容纳较长的加工程序时，一般可先把加工的程序从计算机中传输到数控机床系统内。

操作步骤：

① 将操作方式选择旋钮置于"自动"方式，按程序键 PRGRM ，屏幕中显示出程序画面。

② 按操作软键，并按下 REWIND 软键，出现 READ 软键后按 READ 软键。

③ 按下 EXEC 软键，此时屏幕中会显示出"标头"字样并不停地闪耀。

④ 在计算机上调出加工程序，并按传输命令，计算机中的程序即可以传输到数控机床系统内，在传输过程中屏幕中会显示出闪耀的"输入"字样。

2）加工程序的校验

为了确保加工程序正确无误，加工程序输入控制系统后，除了目测检查加工程序是否正确外，可利用机床锁定、图形显示和空运行等功能，在机床上进行加工程序的校验。

（1）机床锁定校验加工程序。在"自动"方式下，将机床操作面板上的机床锁定按钮（MLK）按下接通后（锁定按钮内的灯光），再按循环启动加工程序，在执行加工程序的过程中，只有 CRT 显示屏上显示各轴移动位置的变化，而机械部件并不动作，当程序有误时则报警停止执行程序。该功能主要用于检查加工程序的编程格式是正确或程序中是否含有语法及词法错误。若启用 Z 轴锁定按钮（ZLK）功能，则程序中的 Z 值不起作用。

（2）空运行。在"自动"方式下，将机床操作面板上的空运行按键（DRN）按下接通（空运行按钮内的灯亮），锁定机床后，再按循环启动按钮启动加工程序，程序中的指令则快速运行（即程序中设定的速度指令 F 值不起作用）。同时按下图形显示键，可通过图形显示画面，观察加工程序的运行轨迹，以快速检查加工程序是否正确。

（3）单程序段执行。在"自动"方式下，将机床的控制面板上的单步按键按下接通后（单步按钮内的灯亮），再按循环启动按钮启动加工程序，程序将单段执行。执行完一段程序后，机床会自动停止，以便逐段检查加工程序及加工情况。再次按循环启动按钮，又执行下一段程序，直到执行完程序为止。复杂零件或精度要求很高的重要零件，往往还需要用试切法校验加工程序。

任务三　数控加工中心切削技术

一、加工中心的主要加工对象及特点

1. 加工中心的加工对象

在制定零件的加工工艺时，首先要分析零件的结构、加工内容等是否适合加工中心的加工,以确定其加工设备。对于加工复杂、工序多(需用多种类型的普通机床和众多刀具、夹具)、要求高且经多次装夹和调整才能完成加工的零件,则适合在加工中心上加工。其加工的主要对象有箱体类零件、复杂曲面、异形件、盘套板类零件和特殊加工等五类。

1) 箱体类零件

箱体类零件一般是指具有二个或更多孔系,内部有型腔,在长、宽、高方向上具有一定比例的零件。这类零件在机床、汽车、飞机制造等行业用的较多。由于这类零件形体复杂,加工精度高,需要的工序和刀具较多。因此在加工中心上经一次性装夹后,就能完成需要多台普通机床才能完成的绝大部分工序内容,零件各项精度高质量稳定,同时能够减少大量的工装,节省工时费用。所以箱体零件最适合在加工中心上加工。

在加工箱体零件时,当加工工位较多,需工作台多次旋转角度才能完成的零件,一般选卧式加工中心;当加工工位少,且跨距不大时可选用立式加工中心。在加工中心上加工箱体类零件时,应注意以下几点。

(1) 当既有面又有孔时,应先铣面,后加工孔。

(2) 待所有孔系全部完成粗加工后,再进行精加工。

(3) 通常情况下,直径大于或等于30mm的孔都应预制出毛坯孔。在普通机床上完成毛坯粗加工,预留量4～6 mm,再由加工中心进行半精加工和精加工。直径小于 30mm 的孔可以直接由加工中心来完成。

(4) 在孔系加工中,先加工大孔,后加工小孔。

(5) 对于箱体上跨距较大的同轴孔,尽量采取调头加工,以缩短刀具、辅具的长径比,增加刀具刚性,确保加工质量。

(6) 一般情况下,在 M6～M20 范围内的螺孔可在加工中心上直接完成。对于 M6 以下或 M20 以上的螺孔宜采用其他机床加工完成,但底孔可由加工中心完成。

2) 复杂曲面

复杂曲面在机械制造业,特别是航天航空工业中占有特殊重要的地位。由于这类零件的形状复杂,有的精度要求极高,采用普通机床难以加工甚至无法加工,如叶轮、导风轮、螺旋浆、各种曲面成型模具等。而利用加工中心采取三、四轴联动甚至五轴联动就能将这类零件加工出来,并且质量稳定、精度高、互换性好。

加工中心在加工复杂曲面时,编程工作量大,只能采用自动编程。由于加工中心不具备空间刀具半径补偿功能,因此在加工过程中可能会出现平面和空间的过切现象,在编程时应特别注意到这一点。

3) 异形件

异形件是指外形不规则的零件,大都需要点、线、面多工位混合加工。如水泵体、支撑架及各种大型靠模等。异形件的刚性一般较差,夹压变形难以控制,加工精度也难以保证,甚至某些零件的有的加工部位用普通机床难以完成。而加工中心具有多工位点、线、面混合加工的特点。能够完成多道工序或全部的工序内容。实践证明,异性件的形状越复杂、加工精度要求越高,使用加工中心越能显其优越性。

4) 盘、套、板类零件

主要指带有键槽或径向孔、端面有分布的孔系或曲面的盘、套和轴类零件以及有很多孔的板类零件。如带法兰的轴套,带键槽或方头的轴类零件等,还有具有较多孔加工的板类零件,如各种电机盖等。端面有分布孔系、曲面的盘类零件宜选择立式加工中心;有径向孔的可选卧式加工中心。

5) 特殊加工

在熟练掌握了加工中心的功能之后,配合一定的工装和专用工具,利用加工中心可完成一些特殊的工艺加工。如在金属表面上刻字、刻线、刻图案;在加工中心的主轴上装上高频专用电源,可对金属表面进行表面淬火;用加工中心装上高速磨头,可实现小模数渐开线圆锥齿轮磨削及各种曲线、曲面的磨削等。

2. 加工中心的特点

1) 加工中心的特点

加工中心是一种功能较全的数控加工机床,能实现三轴或三轴以上的联动控制,以保证刀具进行复杂表面的加工。加工中心除具有直线插补和圆弧插补功能外,还具有各种加工固定循环、刀具半径自动补偿、刀具长度自动补偿、加工过程图形显示、人机对话、故障自动诊断、离线编程等功能。它把铣削、镗削、钻削、攻螺纹和切削螺纹等功能集中在一台设备上,使其具有多种工艺手段。加工中心设置有刀库,刀库中存放着不同数量的各种刀具或检具,在加工过程中由程序自动选用和更换。这是它与数控铣床、数控镗床的主要区别。

加工中心从外观上可分为立式、卧式和复合加工中心等。立式加工中心的主轴垂直于工作台,主要适用于加工板材类、壳体类工件,也可用于模具加工。卧式加工中心的主轴轴线与工作台台面平行,它的工作台大多为由伺服电动机控制的数控回转台,在工件一次装夹中,通过工作台旋转可实现多个加工面的加工,适用于箱体类工件加工。复合加工中心主要是指在一台加工中心上有立、卧两个主轴或主轴可 90°改变角度,因而可在工件一次装夹中实现 5 个面的加工。

2) 加工中心的结构特点

(1) 机床的刚度高、抗振性好。

(2) 机床的传动系统结构简单,传递精度高,速度快。

(3) 主轴系统结构简单,无齿轮箱变速系统。

(4) 加工中心的导轨都采用了耐磨损材料和新结构,能长期地保持导轨的精度,在高速重切削下,保证运动部件不振动,低速进给时不爬行及运动中的高灵敏度。

(5) 设置有刀库和换刀机构。

(6) 控制系统功能较全。

3. 加工中心的工艺分析

零件加工工艺的设计是一切机械加工的基础,它包括对零件毛坯、加工设备、刀具、夹具和辅具的选择以及整个加工工艺路线的安排等环节,其中加工工艺路线则是加工中心编程的依据。

1) 零件加工工艺的设计

加工工艺设计一般要考虑以下几个方面。

(1) 选择加工内容。加工中心最适合加工形状复杂、工序较多、要求较高,需使用多种类型的通用机床、刀具和夹具,经多次装夹和调整才能完成加工的零件。

(2) 检查零件图样。零件图样应表达正确,标注齐全。同时要特别注意,图样上应尽量采用统一的设计基准,从而简化编程,保证零件的精度要求。

　　例如,图 4-17 中所示零件图样。在图 4-17(a) 中,A、B 两面均已在前面工序中加工完毕,在加工中心上只进行所有孔的加工。以 A、B 两面定位时,由于高度方向没有统一的设计基准,$\phi48H7$ 孔和上方两个 $\phi25H7$ 孔与 B 面的尺寸是间接保证的,欲保证 32.5 ± 0.1 和 52.5 ± 0.04 这两个尺寸,须在上道工序中对 105 ± 0.1 尺寸公差进行压缩。若改为图 4-17(b) 所示标注尺寸,各孔位置尺寸都以 A 面为基准,基准统一,且工艺基准与设计基准重合,各尺寸都容易保证。

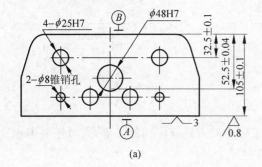
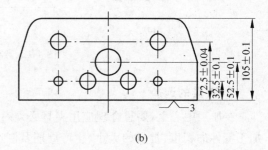

图 4-17　零件加工的基准统一

　　(3) 分析零件的技术要求。根据零件在产品中的功能,分析各项几何精度和技术要求是否合理;考虑在加工中心加工,能否保证其精度和技术要求;选择哪一种加工中心最为合理。

　　(4) 审查零件的结构工艺性。分析零件的结构刚度是否足够,各加工部位的结构工艺性是否合理等。

　　2) 工艺路线的设计

　　工艺设计时,主要考虑精度和效率两个方面,一般遵循先面后孔、先基准后其他、先粗后精的原则。加工中心在一次装夹中,尽可能完成所有能够加工表面的加工。对位置精度要求较高的孔系加工,要特别注意安排孔的加工顺序,安排不当,就有可能将传动副的反向间隙带入,直接影响位置精度。例如,安排图 4-18(a) 所示零件的孔系加工顺序时,若按图 4-18(b) 的路线加工,由于 5、6 孔与 1、2、3、4 孔在 Y 向的定位方向相反,Y 向反向间隙会使误差增加,从而影响 5、6 孔与其他孔的位置精度。若按图 4-18(c) 所示路线,可避免反向间隙的引入。

　　加工过程中,为了减少换刀次数,可采用刀具集中工序,即用同一把刀具把零件上相应的部位都加工完,再换第二把刀具继续加工。但是,对于精度要求很高的孔系,若零件是通过工作台回转确定相应的加工部位时,因存在重复定位误差,不能采取这种方法。

二、加工中心的夹具

1. 夹具的种类

　　自动化系统的夹具系统主要有机床夹具、托盘、自动上下料装置三部分组成,根据加工中心机床的特点和加工需要,其夹具类型主要有专用夹具、组合夹具、通用夹具和成组夹具。

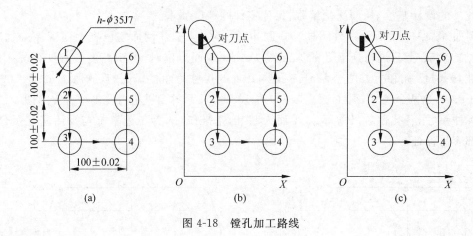

图 4-18　镗孔加工路线

2. 夹具的选择

在加工中心上,要想合理应用夹具必须对加工中心的方式有深刻的了解,同时还要考虑加工零件的精度、批量的大小、生产周期及制造成本。

一般的选择顺序是单件生产中尽量用平口钳、压板螺钉等通用夹具;批量生产时优先考虑组合夹具,其次考虑用可调整夹具,最后选用专用夹具和成组夹具。设计和选用夹具时,不能和各工序刀具轨迹发生干涉。如,有时在加工箱体时刀具轨迹几乎包容了整个零件外形,为了避免干涉现象发生,可把夹具置在箱体内部。

在现代生产中,还广泛采用液压夹具、气动夹具、电动夹具、磁力夹具等,可根据不同情况作出选择。

卧式加工中心广泛采用刚性夹具体,其与组合夹具的夹具体基本相同,只是刚性更好,装夹在回转工作台上。使用时配上通用夹具元件,如压板、垫铁、螺钉等,也可装夹组合夹具的标准元件。采用两个以上刚性夹具体,配上 APC 系统,就可以实现不占用机动时间装夹工件的功能,从而提高效率,若安装在托盘上,就可以形成物流,兼具单件生产及批量生产的特点。

前边提到加工中心上的夹具必须有足够的夹紧力和高的精度,对于某些零件还要考虑产生的夹紧变形要尽量小,因此夹具的夹紧点的确定十分重要。

有些情况下零件的应力变形和加紧变形情况十分严重,甚至不得不采用粗、精加工分开或二次装夹的方法,以减小工件变形。如低刚性零件、高精度零件等。此外,是否采用一次装夹的方法还取决于零件加工前后的热处理安排。例如,需淬火的模具型腔,可采用粗加工→淬火→高精度加工的顺序加工。

总之,加工中心上零件夹具的选择要根据零件精度等级、机床零件结构特点、产品批量及机床精度等情况综合考虑。选择顺序是:优先考虑组合夹具,其次考虑可调整夹具,加工中心最后考虑专用夹具、成组夹具。当然,还可使用三爪自定心卡盘、台虎钳等通用夹具。在不同机床上加工所用的夹具不同。

三、加工中心的刀具

加工中心所用的切削工具由两部分组成,即刀具和自动换刀装置夹持的通用刀柄及拉钉,如图 4-19 所示。

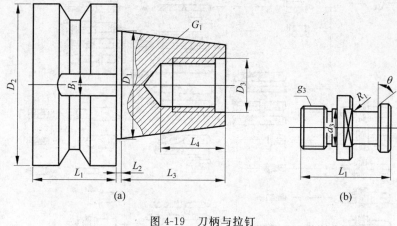

图 4-19　刀柄与拉钉

(a)刀柄；(b)拉钉

1. 刀柄

在加工中心上一般采用 7：24 锥柄,这是因为这种锥柄不自锁,换刀比较方便,且与直柄相比有高的定心精度和刚性,刀柄和拉钉已经标准化,各部分尺寸见图 4-19 和表 4-2、表 4-3。　.

表 4-2　标准化刀柄各部分尺寸　　　　　　　　单位：mm

刀柄	D_1	D_2	L_1	L_2	L_3	L_4	D_3	G_1	B_1
40T	$\phi44.45$	$\phi63.0$	25.0	2.0	65.4	30.0	$\phi17.0$	$M16$	16.1
50T	$\phi69.85$	$\phi100.0$	35.0	3.0	101.8	45.0	$\phi25.0$	$M24$	25.7

表 4-3　标准化拉钉各部分尺寸　　　　　　　　单位 mm

拉钉	L_1	g_3	d_3	R_1	θ	
					形式 1	形式 2
40P	60.0	M16	17.0	3.0	45°	30°
50P	85.0	M24	25.0	5.0	45°	30°

在加工中心上加工的部位繁多使刀具种类很多,造成与锥柄相连的装夹刀具的工具多种多样,把通用性强的装夹工具标准化、系列化就成为工具系统。加工中心用刀柄如图 4-20 所示。

镗铣工具系统可分为整体式与模块式两类。整体式工具系统针对不同刀具都要求配有一个刀柄,这样工具系统规格、品种繁多,给生产、管理带来不变,成本上升。为了克服上述缺点,国内外相继开发了多种多样的模块式工具系统。

有些场合,通用的刀柄和刀具系统不能满足加工要求,为进一步提高效率和满足特殊要求,近年已开发出多种特殊刀柄。

(1)增速刀柄。现在的增速刀头能够支持 ATC,日本 NIKKEN 公司的 NXSE 型增速刀头,在主轴 4000r/min 时,刀具转数可在 0.8s 内达到 20000r/min。

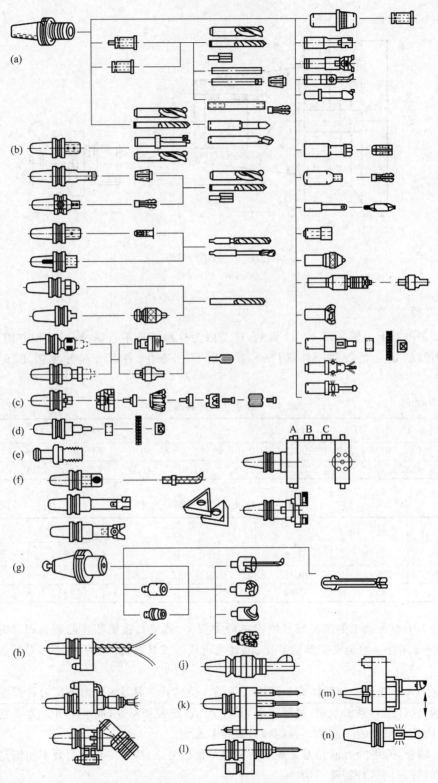

图 4-20　加工中心用刀具

(a) 直柄夹头；(b) 钻削、攻丝刀柄；(c) 端铣刀刀柄；(d) 锯片铣刀刀柄；(e) 拉钉；(f) 镗削刀柄 (g) 模块式刀柄；

(h) 内冷却刀柄；(i) 转角刀柄；(j) 背孔刀柄；(k) 多轴刀柄；(l) 自动测头 (m) CNC 镗削刀柄(U 轴)；(n) 找正器

（2）内冷却刀柄。加工深孔时最好的冷却办法是切削液浇在切削部位，但这是不易达到的，尤其在卧式加工中心上。针对这种情况目前出现了内通切削液的麻花钻及扩孔钻。其配以专用冷却油供给系统，工作时，高压切削液通过刀具芯部从钻头两个后面浇注至切削部位，起到冷却润滑作用，并把切屑排除。

（3）转角刀柄。五面加工中心加工昂贵，而配备转角刀柄则以最少的花费达到近似的效果。如 NIKKEN 公司的高刚性五面加工转角刀柄，其型号有 30°、45°、60°、90°转角，非常适合于多种小批量生产，除使立式加工中心具有卧式加工中心的功能外，使用转角刀柄的原因还有能够完成型腔底部的清角工作。

（4）多轴刀柄。能同时加工多个孔，多轴及增速刀柄的混合应用就成为多轴增速刀柄。

（5）双面接触刀柄。双面接触刀柄是一种新型的大振动衰减比的工具系统，其代表性特征有：

① 1∶10 锥度短刀柄；

② 端面与锥部同时严密配合；

③ 在端面配合处，刀柄与主轴除刚性接触外还有蝶簧接触，增大振动衰减比，增强工具系统安定性，使用此种刀柄后，硬质合金刀具生产能力提高 110％，刀具寿命提高 250％，高速钢刀具生产能力提高 35％，刀具寿命提高 80％。

④ 无接触信号联系，并支持 ATC。

2. 刀具系统

加工中心工序集中，尤其在自动生产线上，连续工作时间长，刀具具有高的切削性能才能充分发挥出加工中心的优势。

现代数控机床不断地向高速、高刚性和大功率方向发展，如 A55 加工中心，最高主轴转速为 12000 r/min。高速高精度加工正成为主流，而刀具必须适应这种需要。有人预计，不久硬质合金刀具车削和铣削低碳钢的最高线速度将由现在的 300～400 r/min，提高到 500～800 r/min，陶瓷刀具切削速度将由现在的 600～800 r/min 提高到 1000～1500 r/min。当前在加工中心上越来越多的使用涂层硬质合金、涂层高速钢和陶瓷刀具。

加工中心上的刀具系统一般由钻削系统、端面铣刀系统、立铣刀系统、螺纹刀具、槽加工刀具组成。

1）钻削系统

这里叙述一些钻头在加工中心上的应用，表 4-4 以三菱工具为例介绍了几种钻头。

为适应自动化生产，加工中心用钻头要做特殊处理。

（1）钻头的表面处理。见表 4-5。

（2）钻头横刃处理。为了减小轴向切削力，除了修磨横刃外，使用新尖点钻是比较理想的选择，其无横刃结构使轴向切削力大幅降低。

（3）切屑处理。钻头工作时，切屑的形状对钻头的切削性能非常重要，形状不合适时，将引起细微的切屑阻碍刃沟（粉状屑、扇形屑）、长的切屑缠绕钻头（螺旋屑、带状屑）、长切屑阻碍切削液进入（螺旋屑、带状屑）等现象，为此可采用增大进给、断续进给、装断屑器等断屑方法，但都有其缺点。而 R 形横刃修磨很好地达到了断屑要求。

表 4-4　加工中心钻头

直　径	示　意　图	用　途	特　点
MZE $\phi 2.8\sim 20$		加工钢、铸铁等自动机、加工中心、各种机床	直线切削刃,刀尖强度高,易重磨,通用性好,排屑性能好
MZE $\phi 5\sim 16$		钢、铸铁、不锈钢、难加工材料自动机、加工中心、各种机床	直线切削刃,刀尖强度高,易重磨,排屑槽采用宽深槽,内冷却式,寿命长,效率高
新钻尖 $\phi 8\sim 40$		钢、铸铁、难加工材料加工中心、数控车床、通用铣床等	无横刃,加工精度是高速钢钻头的 5 倍以上,可高效率加工,易重磨
高速钻 $\phi 16\sim 70$		钢、铸铁加工中心、数控车床、通用铣床等	使用范围广,从一般进给到大进给,碳钢、合金钢能大进给加工
加工中心用枪钻 $\phi 6\sim 20$		铸铁、轻合金专业	用加工中心进行深孔加工可以无导套加工深孔,最大长径比 $L/D=20$

表 4-5　钻头的表面热处理

种　类	特　点	目　的	用　途
氧化处理(高压蒸汽处理)	Fe_3O_4 氧化层 $1\sim 3\mu m$ 防黏结,对加工非金属不适用	抗黏结	用于加工普通不锈钢、软钢,不适合加工铝等
氮化处理	处理层 $30\sim 50\mu m$,表面硬度 $1000\sim 1300HV$	耐磨损	用于加工对刀具磨损性能大的切削材料、铸铁、热硬化性树脂等
TiN 涂层	处理层 $2\sim 3\mu m$,表面硬度 2000 以上,摩擦系数小,防黏结	耐磨损	用于加工难加工的切削材料、硬度高的合金钢、不锈钢、耐热钢
TiCN 涂层	处理层 $5\sim 6\mu m$,表面硬度 2700HV 以上,耐磨性好。摩擦系数小	抗黏结耐磨损	用于干式切削、高速切削及对刀具使用寿命要求高的切削

2)镗削系统

加工中心的镗削系统普遍采用模块式刀柄及复合刀具,加工中心刀柄如图 4-20 所示。镗刀刀杆内部可通切削液,使切削油直接冲入切削区,带走切屑及降低温度。

3)铣削系统

加工中心上常用的铣刀有端铣刀、立铣刀两种,特殊情况下也可安装锯片铣刀等。端铣刀主要用来加工平面,而立铣刀则使用灵活,具有多种加工方法。

螺纹铣刀利用加工中心的 3 轴联动功能,使螺纹铣刀作行星运动,切削加工出内螺纹,只要一把螺纹铣刀就可以加工出不同螺距的各种直径的内螺纹。

四、加工中心的基本操作

1. 系统及操作面板简介

CRT/MDI 面板介绍

(1) 各个功能键的含义。

POS：显示机床现在位置。

PRGRM：在 EDIT 方式下编辑、显示存储器里的程序；在 MDI 方式下，输入、显示 MDI 数据；在机床自动操作时，显示程序指令值。

MENU/OFSET：用于设定、显示补偿值和宏程序变量。

DGNOS/PARAM：用于参数的设定、显示及自诊断数据的显示。

OPR/ALARM：用于显示报警号。

AUX/GRAPH：用于图形显示。

(2) 键盘说明。

RESE：复位键（按下此键，机床所有的操作都停下来）。

START：启动键（按下此键，即可启动 MDI 指令或启动自动操作）。

INPUT：输入键（按下此键，可输入参数或补偿值）。

CAN：删除键（按下此键，可删除最后一个输入的字符或符号）。

CURSOR：光标移到键（"↑"为光标上移键，"↓"为光标下移键）。

PAGE：翻页键（"↑"为向前翻页键，"↓"为向后翻页键）。

程序编辑键：ALTER 键用于程序的更改；INSRT 键用于程序的插入；DELET 键用于程序的删除；EOB 键用于程序结束换行。

机床操作面板如图 4-21 所示。

图 4-21 机床操作面板

2. 电源开／关

(1) 电源开。检查 CNC 机械外观是否正常；接通电源→将机床电器柜电源打开→按操作面板上的 POWER ON 按钮→检查 CRT 画面显示资料→检查风扇电动机是否旋转。

(2) 电源关。检查操作面板上的启动灯→检查 CNC 工具全部可动部分停止→按操作面板上的 POWER OFF 按钮→将电器柜电源调到 OFF 状态→关电源。

3. 手动操作

(1) 回机床参考点。将 MODE 模式选择开关调到"回零"位置→分布按"＋Z"、"＋X"、"＋Y"3 个按钮,直至 3 个轴的原点指示灯亮即返回参考点。

(2) 手动连续进给。将模式开关调到 JOG 位置→在"±X"、"±Y"、"±Z"轴中选择所需要移动的轴及方向。

(3) 快速进给。将 RAPID 快速进给按钮按下,然后按所需移动的轴,此时移动的速度即为快速进给速度。

(4) 手摇脉冲发生器进给。将模式开关调到手摇脉冲发生器位置,使手摇脉冲发生器上左侧的 X、Y、Z 轴选择开关指向所要移动的轴,选择手摇脉冲发生器每转动 1 格滑板的移动量,将转位开关旋至×1,手摇脉冲发生器转 1 格滑板移动 0.001mm;将开关旋至×10,手摇脉冲发生器转 1 格滑板移动 0.01 mm;将开关旋至×100,手摇脉冲发生器转 1 格滑板移动 0.1 mm,转动手摇脉冲发生器,使刀架按指定的方向和速度运行。

(5) 全轴机械锁定。当 MLK 键按下同时,X、Y、Z 轴被锁住,无论在手动还是在自动状态下,工作台都不会移动。

(6) Z 轴机械锁定。当 ZMLK 键按下时,Z 轴被锁住,无论在手动还是在自动状态下,Z 轴都不会移动。

(7) 进给率调整。进给率调整率按钮可调整在自动加工过程中的进给率,对应刻度可作 0%～150% 的调整。

(8) 快速进给率调整。快速进给率调整旋钮有 100%、50%、25% 及 F04 档。设在 100% 时,工作台的移动速度为 30m/min,"F0"是一个固定值,由厂家指定。

(9) 单段运行功能。将 SBK 按钮按下时,则程序在自动加工状态下执行单段运行。

4. 自动操作

有记忆操作和 MDI 操作两种模式。

(1) 记忆操作。将程序输入 CNC 存储器→选择要加工的程序→将模式开关调至"AUTO"模式(自动加工模式)→按程序启动键开始自动加工。

(2) MDI 操作。MDI 可以使单句指令执行。将模式选择开关调至"MDI"模式→按 PRGRM 按钮→按 PAGE 按钮,在画面坐上方显示 MDI→依次输入程序→ 按 INPUT 键→按 START 键则执行该段程序。

5. 程序编辑

(1) 程序的输入。将模式开关置于"EDIT"模式→按 PRGRM 按钮→输入位址 O→输入程序号,如"0023"→按 EOB 键→依次输入程序,输完所有的程序。

(2) 程序的修改。字编辑状态将光标移动所要修改的字节上→输入正确的字节→按 ALTER 键即可更改。

（3）程序的插入。将光标移动所需要插入的字节之后→输入所插入的内容→按 INSET 键即可将其插入。

（4）程序的删除。删除单字节：将光标移到所删字节之前→按 DELETE 键即可删除该字节。删除单段程序：输入位地址 N→输入所需删除的程序段号→按 DELETE 键即可删除该段程序。

6. 刀具补偿值的输入和参数修改

1）刀具补偿的设定及显示

通过参数 IOF（NO.0001）选择绝对值输入或增量值输入。

（1）补偿量。

① 绝对补偿量输入。按"补偿"键→按 PAGE 键显示所需要补偿号码画面→将光标移动到所需要改变的补偿号码→输入补偿量→按 INPUT 键,输入及显示补偿值。

② 增量补偿输入。输入补偿值的增量值或减量值。按"补偿"键→按 PAGE 键显示所需要的补偿号码画面→将光标移动到所需要改变的补偿号码→输入增量值→按 INPUT 键,会显示对应于增量值总和的补偿量及现在补偿量。

（2）刀具长度测定。选择基准刀,用手动将基准刀移动到工件平面→按 POS 键及 PAGE 键,显示相对坐标位置→按 Z 键及 CAN 键,预先设定 Z 轴相对坐标值为零→按 MENU/OFSET 键,选择补偿画面→选择要设定的刀具,用手动将它移动到工件平面,此时显示的值就是该刀具与基准刀的相对坐标值,用同样的方法移动光标至补偿号码位置,将偏差值输入该位置→按 INPUT 键。

（3）对刀步骤。这里分别对 X、Y、Z 三个方向进行对刀,先将刀移动并靠到工件左侧面,然后按 POS 键→按"相对"键→按 X 键→按 CAN 键→将刀具移动到工件的右侧面,此时记下相对状态下显示的坐标值,设为 a→将刀具移动到 a/2 处,按"综合"键记下此时的机械坐标下的 X 值→按 MENU/OFSET 键→按软键"坐标系"→在 G54 中输入刚记下的 X 值,这样 X 方向已经对好,用同样的方法对 Y 方向。对 Z 方向:将刀移动靠到工件的上平面→记下此时机械坐标下的 Z 值→按 MENU/OFSET 键→按软键坐标系→在 G54 中输入刚记下的 Z 值。这样就对好了一把刀,对于用到两把刀具以上的情况,其余的刀具只需要在参数表中将刀具半径和长度补偿填好即可。

2）显示画面

（1）程序显示。程序号及程序段号显示在屏幕的右上方,调出后立即显示所调的程序号。当程序正在 EDIT 模式编辑时,显示正在编辑的程序号及光标所停的程序段号。

（2）程序记忆使用的显示。选择"EDIT"模式→按 PRGRM 键→输入位址 P→按 INPUT 键即可显示已用空间和剩余空间。

（3）指令值显示。按"程式"键→按 PAGE 键。资料显示有以下 4 种方法。

① 显示正在执行的指令值及以前指定的状态值（可按软键"现单节"显示）。

② 显示正在执行的指令值及下一个执行的指令值（可按软键"次单节"显示）。

③ 显示在 MDI 方式下输入指令值或以前指定的状态值（可按软键 MDI 显示）,只有在"MDI"模式下显示。

④ 显示包含现在执行的程序画面（可按软键"程式"显示）,光标显示在正在执行的程序段的前面。

（4）检视功能。按下软键"检视"即可显示出来。显示的内容为正在执行中的程序及坐标。

（5）现在位置显示。按 POS 键→按 PAGE 键,有以下 3 种显示状态。

① 加工坐标系。可按软键"绝对"显示,显示当前绝对坐标位置。

② 相对坐标系。可按软键"相对"显示,显示操作者预先设定为零的位置。重新设定操作：重新设定该状态,按 X 键、Y 键或 Z 键,显示的位置会闪烁,然后按 CAN 键,闪烁位置的相对位置重新设定为零。

（6）综合位置显示。按软键"综合"显示,同时显示以下坐标系的位置：相对坐标、绝对坐标、机械坐标、残余移动坐量。

思考与习题

4-1 说明数控车床的主要加工对象及应用范围。

4-2 说明数控车床用车刀的种类及选择。

4-3 说明数控铣床的主要加工对象。

4-4 说明加工中心刀具的种类及选用原则。

4-5 说明加工中心的主要加工对象及特点。

4-6 加工中心上各有哪些功能键、编辑键和数据输入键？

4-7 数控车床操作中,在哪些情况下必须进行回参考点操作？

4-8 数控车床有哪些工作方式？各由什么开关控制？

4-9 加工中心由哪几部分组成？

项目五　数控特种加工技术

项目导读

特种加工是指传统的切削加工以外的新的加工方法。由于特种加工主要不是依靠机械能、切削力进行加工，因而可以用软的工具(甚至不用工具)加工硬的工件，可以用来加工各种难加工材料、复杂表面和有某些特殊要求的零件。

本项目主要介绍了数控电火花成型加工技术、电火花加工的基本原理及电火花成型加工操作的主要内容，以及数控电火花线切割加工技术、电火花线切割数控编程等内容。

项目目标

1. 了解数控电火花加工技术的基本工作原理。
2. 掌握数控电火花成型加工的基本条件。
3. 了解电火花成型加工的工艺特点及应用范围。
4. 熟悉电火花线切割加工的基本工作原理。
5. 掌握数控电火花线切割数控编程。

任务一　数控电火花成型加工技术及应用

电火花加工又称为放电加工(Electrical Discharge Machining，EDM)是一种利用电、热能量进行加工的方法。它是利用在一定的介质中，通过工具电极和工件电极之间脉冲放电时的电腐蚀作用对工件进行加工的一种工艺方法。电火花成型加工适合对用传统机械加工方法难于加工的材料或零件，如加工各种高熔点、高强度、高纯度、高韧性材料；可加工特殊及复杂形状的零件，如模具制造中的型孔和型腔的加工。

一、数控电火花成型加工概述

1. 数控电火花成型加工原理

如图 5-1 所示，电火花加工是基于在绝缘的工作液中工具和工件(正、负电极)之间脉冲性火花放电局部瞬间产生的高温，使工件表面的金属熔化、气化、抛离工件的原理，利用电腐蚀现象蚀去多余的金属，以达到对零件的尺寸、形状及表面质量预定的加工要求。

电火花加工须具备以下条件。

(1) 必须使工具电极和工件被加工表面之间

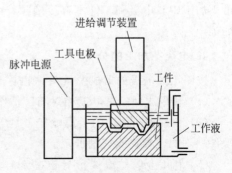

图 5-1　电火花加工原理示意图

保持一定的放电间隙。放电间隙的大小与加工电压、加工介质等因素有关,一般为 0.01～0.1mm 左右,间隙不能太大或过小。间隙过大,极压电压不能击穿极间介质,无法产生电火花。间隙过小,容易形成短路接触,同样不能产生电火花。

(2) 火花放电必须是瞬间的脉冲性放电,放电延续一段时间后需停歇一段时间,放电延续时间一般 0.001～0.01s。这样才能使放电所产生的热量来不及传导扩散到其余部分,把每一次放电点分别局限在很小的范围内,否则,像持续的电弧放电那样,将使表面烧伤而无法用作尺寸加工。

(3) 火花放电必须在有一定绝缘性能的液体介质中进行,如煤油、皂化液或去离子水等。液体介质又称为工作液,工作液具有一定的绝缘性能,且能将电腐蚀产物从放电间隙中排除出去,并对电极表面进行很好的冷却。

2. 电火花加工的特点

电火花加工与常规的金属加工比较具有下列特点。

(1) 属于不接触加工。工具电极和工件之间并不直接接触,而是有一个火花放电间隙(0.01～0.1mm),间隙中充满工作液。

(2) 加工过程中没有宏观切削力。火花放电时,局部、瞬时爆炸力的平均值很小,不足引起工件的变形和位移。

(3) 可以"以柔克刚"。由于电火花加工直接利用电能和热能来去除金属材料,与工件材料的强度和硬度等关系不大,因此可以用软的工具电极加工硬的工件,实现"以柔克刚"。

3. 电火花加工的适用范围

(1) 可以加工任何难加工的金属材料和导电材料。由于加工中材料的去除是靠放电时的电、热的作用实现的,材料的可加工性主要取决于材料的导电性及热学性能,如熔点、沸点、比热容、导热系数、电阻率等,而几乎与其力学性能(硬度和强度等)无关。这样可以突破传统切削加工对刀具的限制,可以实现用软的工具加工硬、韧的工件甚至可以加工聚晶金刚石(diamond)、立方氮化硼(cubic boron nitride)一类的超硬材料。目前,电极的材料多用紫铜或石墨,因此工具电极较容易加工。

(2) 可以加工形状复杂的表面。由于可以简单地将工具电极的形状复制到工件上,因此特别适用于复杂表面形状工件的加工,如复杂型腔模具加工等。数控电火花技术采用简单的电极加工复杂形状零件。

(3) 可以加工薄壁、弹性、低刚度、微细小孔、异形小孔、深小孔等有特殊要求的零件。由于加工中具电极和工件不直接接触,没有机械加工的切削力,因此适宜加工低刚度及微细加工。

4. 电火花加工的分类

按照工具电极的形成及其工件相对运动的特征,可将电火花加工分为 5 类。

(1) 利用成型工具电极相对与工件作简单进给运动的电火花成型加工。

(2) 利用轴向移动的金属丝作工具电极,工件按所需形状和尺寸作轨迹运动,从而进行工件切割的电火花线切割加工。

(3) 利用金属丝或成形导电磨轮作工具电极,进行小孔的磨削或成型磨削的电火花磨削。

（4）电火花共轭回转加工，用于加工螺纹环规、螺纹塞规、齿轮等。

（5）小孔加工、刻印、表面合金化、表面强化等其他种类的加工。

以上所述电火花加工方法以电火花成型加工和电火花线切割加工最为广泛。下面先就电火花成型加工的应用型行介绍。

二、电火花成型加工机床

电火花成型加工机床主要由机械部分、脉冲电源、自动进给调节系统、工作液净化与循环系统几部分组成，如图 5-2 所示。

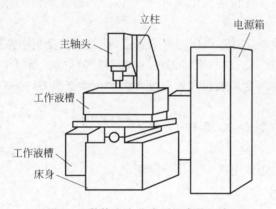

图 5-2　数控电火花成型机床的组成

1. 机械部分

机械部分主要包括床身、立柱、主轴头、工作台及工作液槽等几部分，是工件和工具电极的安装与运动基础。

床身和立柱是机床的主要结构件，应有足够的强度。工作台可作纵横向运动，一般带有坐标装置，常用的是用刻度手轮进行位置调整。主轴头是电火花成型加工机床的最关键部件，是自动进给调节系统的执行部件。主轴头主要由进给系统、上下移动导向、水平面内防扭机构、电极装夹及其调节环节组成。

2. 脉冲电源

电火花成型加工过程中，加在放电间隙上的电压必须是脉冲的，否则，放电将成为连续的电弧。

脉冲电源是电火花成型机床的重要组成部分之一，其作用是为放电加工过程提供能量，一般由微处理器和外围接口、脉冲形成和功率放大部分、加工状态检测和自适应控制装置以及自诊断和保护电路组成。

脉冲电源对电火花加工的生产率、表面质量、加工精度、加工过程的稳定性和工具电极的损耗等技术经济指标有很大的影响。脉冲电源应具备高效低损耗、大面积、小粗糙度表面稳定加工的能力。

3. 自动进给调节系统

电火花成型加工过程中，工具电极与工件之间没有直接接触。要进行正常的放电加工，工具电极和工件之间必须保持一定的放电间隙。间隙过大,脉冲电压击不穿间隙间的绝缘工作液,不会产生火花放电。间隙过小,必须及时减小进给速度,避免出现短路现象。

自动进给调节系统的作用就是维持一定的放电间隙,保持电火花加工的正常进行,从而获得较好的加工效果。

电火花成型加工机床的自动进给调节系统与其他的调节装置一样,也是由测量环节、比较环节、放大驱动环节、执行环节和调节对象等几个环节组成。通过自动进给调节系统的作用,将工具电极与工件之间的间隙控制在 $0.01\sim0.1mm$ 之间。

4. 工作液净化与循环系统

工作液净化与循环系统包括工作液箱、电动机、泵、过滤装置、工作液槽、管道、阀门和测量仪表等。

通过对工作液的冲抽、喷液,可压缩放电管道,使能量高度集中在极小的区域,以加强电蚀能力,同时可加速电极和工件的冷却,消除放电间隙的电离,通过工作液的强迫循环和过滤可及时排除工作液中的金属微粒和放电过程中产生的炭黑,从而产生积炭现象。

三、电火花成型加工操作

电火花成型加工的操作包括如下几个步骤。

1. 工具电极的确定

电火花成型加工中首先要按照工件的材料、形状及加工要求选择合适的电极材料,确定合理的电极几何形状,同时要考虑电极的加工工艺性。

1) 电极材料的选择

电极材料应具有导电性能良好、损耗小、加工过程稳定、加工效率高等特点。常用电极材料见表 5-1。

表 5-1　常用电极材料及性能

电极材料	加工稳定性	电极损耗	机加工性能	适 用 范 围
钢	较差	一般	好	常用于冲模凹模加工,工具电极为凸模
铸铁	一般	一般	好	常用于加工冷冲模的电极
石墨	较好	较小	较好	常用于加工大型模具的电极
紫铜	好	一般	较差	不宜用作细微加工用电极
黄铜	好	较大	好	用于加工时可进行补偿的加工场合
铜钨合金	好	小	一般	价格贵,用于深孔、硬质合金穿孔等
银钨合金	好	小	一般	价格昂贵,多用于精密加工

2) 电极结构形式的确定

电极的结构形式应根据被加工型腔的大小与复杂程度、电极的加工工艺性等因素来确定。常用的电极结构形式有整体式电极、镶拼式电极等。

3) 电极极性的选择

电火花成型加工过程中,由于正、负极性不同而彼此电蚀量不一样的现象称为极性效应。在加工过程中应充分利用极性效应,合理选择加工极性,以提高加工效率,减少电极的损耗。

工具电极极性选择的一般原则如下：

铜打钢,电极选正极性；铜打铜,电极选负极性；铜打硬质合金,电极选正负极性均可；石墨打铜,电极选负极性；石墨打硬质合金,电极选负极性；石墨打钢,当加工表面粗糙度在 $15\mu m$ 以下时,电极选负极性,当加工表面粗糙度在 $15\mu m$ 以上时,电极选正极性；钢打钢,电极选正极性。

2. 电极装夹定位

1）电极装夹

电极装夹大多采用通用夹具直接将电极装夹在机床主轴的下端。常用的电极夹具有标准套筒、钻夹头、标准螺纹夹具等。

2）电极校正

电极装夹后必须进行垂直度校正,校正工具有精密角度尺和百分表两种。

3）电极定位

在进行放电加工之前要对电极进行定位,也就是要确定电极与工件之间的相互位置,以确保加工精度。

3. 工件的装夹

通常是将工件安装在工作台上,与电极互相定位后用压板和螺钉压紧即可,也可用磁力吸盘进行固定。工件安装时要注意保持与电极的相互位置。

4. 电规准的选择

电规准是在电火花加工中所选用的一组电脉冲参数（脉宽、脉间、峰值电流等）。电规准应根据工件的加工要求、电极和工件的材料等因素来选择。

粗加工时,要求加工效率高,电极损耗小,所以粗规准一般选择较大的峰值电流,较长的脉冲宽度（$20\sim60\mu m$）。精加工要保证工件加工精度和工件的表面粗糙度,故精规准多采用小的峰值电流及窄的脉冲宽度（$2\sim6\mu m$）。

任务二 数控电火花线切割加工技术及应用

一、数控电火花线切割加工概述

1. 电火花线切割的原理

数控电火花线切割是利用连续移动的金属导线（称作电极丝）作为工具电极,在金属丝与工件间施加脉冲电流,产生放电腐蚀,对工件进行切割加工。工件的形状是由数控系统控制工作台（工件）相对于电极丝的运动轨迹决定的,因此不需要制造专用的电极,就可以加工形状复杂的模具零件。其加工原理如图 5-3 所示,工件接脉冲电源的正极,电极丝（钼丝或铜丝）接负极,加上高压脉冲电源后,在工件和电极丝之间产生很强的脉冲电场,使其间的介质被电离击穿,产生脉冲放电。电极丝在储丝筒的作用下正反向交替（或单向）运动,在电极丝和工件之间浇注工作介质,在机床数控系统的控制下,工作台相对电极丝按预定的程序运动,从而切割出需要的工件形状。

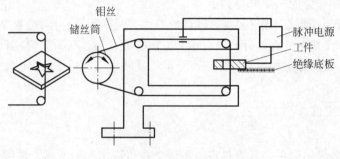

图 5-3　电火花线切割原理

2. 电火花线切割的特点

电火花线切割具有电火花加工的共性,金属材料的硬度和韧性并不影响加工速度,常用来加工淬火钢和硬质合金,也可用于非金属材料的加工,数控线切割工艺特点如下。

(1) 不像电火花成型加工那样制造特定形状的工具电极,而是采用直径不等的细金属丝(钼丝或铜丝等)作工具电极,因此切割用的刀具简单,大大降低了生产准备工时。

(2) 利用计算机辅助制图自动编程软件,可方便地加工复杂形状的指纹表面。

(3) 电极丝直径较细(直径 0.025～0.3mm),切缝很窄,不仅有利于材料的利用,而且适合加工细小的零件。

(4) 电极丝在加工过程中是移动的,不断更新(低速走丝)或往复运动(高速走丝)可以完全或短时间不考虑电极丝损耗对加工精度的影响。

(5) 依靠计算机对电极丝轨迹的控制和偏移轨迹的计算,可方便的调整凸凹模具的配合间隙,依靠锥度切割功能,有可能实现凸凹模一次加工成形。

(6) 对于粗、半精、精加工,只需调整电参数即可,操作方便,自动化程度高。

(7) 加工对象主要是平面形状,台阶有盲孔型零件还无法进行加工,但是当机床上增加能使电极丝作相应倾斜运动的功能后,可实现锥面加工。

(8) 当零件无法从周边切入时工件上需钻穿丝孔。

3. 数控电火花线切割的应用

线切割加工的生产应用,为新产品的试制、精密零件及模具的制造开辟了一条新的工艺途径,具体应用有以下三个方面。

(1) 模具制造。适合于加工各种形状的冲裁模,一次编程后通过调整不同的间隙补偿量,就可以切割出凸模、凹模、凸模固定板、卸料板等模具的配合间隙、加工精度通常都能达到要求。此外电火花线切割还可以加工粉末冶金模、电机转子模、级进模、弯曲模、塑料模等各种类型的模具。

(2) 电火花成型加工用的电极。一般穿孔加工的电极以及带锥度型腔加工的电极,若采用银钨、铜钨合金类的材料,用线切割加工特别经济,同时也可加工微细、形状复杂的电极。

(3) 新产品的试制及难加工零件。在试制新产品时,用线切割在坯料上直接切割出零件,由于不需要另行制造模具,可大大缩短制造周期,降低成本。加工薄件时可多片叠加在一起加工。在零件制造方面,可用于加工品种多、数量少的零件,如凸轮、样板、成型刀具、异形槽、窄槽等。

4. 电火花线切割机床分类

按电极丝运行速度不同可将电火花线切割机床分为高速走丝电火花线切割机床(WEDM-HS)和低速电火花线切割机床(WEDM-LS)两大类。高速走丝电火花线切割机床的电极丝作高速往复运动,是我国生产和使用的主要机型,低速走丝电火花线切割机床的电极丝作低速单向运动,是国外生产和使用的主要机型。这两种线切割机床的主要区别见表 5-2。

表 5-2　高速与低速走丝电火花线切割机床的主要区别

项　　目	高速走丝电火花线切割机床	低速走丝电火花线切割机床
走丝速度	$6\sim11$mm·s^{-1}	$1\sim15$m·min^{-1}
走丝方向	往复	单向
工作液	线切割工作液、水基工作液	去离子水
电极丝材料	钼、钨钼合金	黄铜、铜、钨、钼
电源	晶体管脉冲电源,开路电压 $80\sim100$V,工作电流 $1\sim5$A	晶体管脉冲电源,开路电压 300V 左右,工作电流 $1\sim32$A
放电间隙	0.01mm	$0.02\sim0.06$mm
切割速度	$20\sim106$mm^2·min^{-1}	$20\sim240$mm^2·min^{-1}
表面粗糙度 Ra	$3.2\sim1.6\mu$m	$1.6\sim0.8\mu$m
加工精度	$\pm0.01\sim\pm0.02$mm	$\pm0.005\sim\pm0.01$mm
电极丝损耗	加工$(3\sim10)\times10^4$mm^2 时损耗 0.01mm	不计
重复精度	±0.01	±0.002

从表 5-2 中可以看出,在主要的加工参数指标上,无论是加工精度和加工表面粗糙度,还是加工效率,高速走丝电火花线切割机床与低速走丝电火花线切割机床相比均存在明显的差距。

根据控制方式的不同,电火花线切割机床又可分为靠模仿形控制、光电跟踪控制和数字控制等,目前国内外 95% 以上的线切割机床都已采用数控化,而且采用不同的数控系统,从单片机、单板机到微型计算机系统,有的还有自动编程功能。

二、电火花线切割机床

电火花线切割机床由机械装置、脉冲电源、控制系统、工作循环系统等组成。

1. 机械装置

机械装置由床身,X、Y 向移动工作台,走丝机构,丝架,工作液箱,附件和夹具等组成。

1) 床身

床身是箱型铸铁件,是 X、Y 向移动工作台,走丝系统,丝架等部件的安装基础,应该有足够的强度和刚度。床身内部安置电源和工作液箱。

2）X、Y 向移动工作台

X、Y 向移动工作台是安装工件、相对线电极进行移动的部分。它由工作台驱动电动机、测速反馈系统、进给丝杠（一般使用滚珠丝杠）、X 向拖板、Y 向拖板、安装工件的工作台以及工作液盛盘等组成。工作台驱动系统与其他数控机床一样，有开环、半闭环和闭环方式。

3）走丝系统

走丝系统也称为线电极驱动装置，由储丝筒、丝架、导轮、驱动电动机等组成。走丝系统使电极丝以一定的速度运动并保持一定的张力。

4）锥度切割装置

为了切割有锥度（斜度）的内外表面，有些线切割机床具有锥度切割功能。

高速走丝线切割机床一般通过偏移式丝架实现锥度切割，此法锥度不宜过大，否则容易断丝，一般最大锥度可达 15°。

低速走丝线切割机床依靠其导向器的 U、V 轴（平行 X、Y 轴）驱动功能，与工作台的 X、Y 轴形成 4 轴同时控制。这种方式的数控系统需要有力的软件支持，可实现上下异形的加工，最大倾斜角一般为 5°，有的甚至达 30°。

2. 脉冲电源装置

电火花线切割脉冲电源在工作原理上与电火花成型机床的脉冲电源是相同的。但是，由于受电极丝允许承载电流的限制，线切割加工脉冲电源的脉宽较窄，单个脉冲能量、平均电流一般较小，所以线切割加工总是采用正极性加工。

电火花线切割加工机床的脉冲电源有晶体管矩形波脉冲电源、高频分组脉冲电源、并联电容型脉冲电源和低损耗脉冲电源等多种形式。

3. 线切割控制系统

电火花线切割加工机床的控制系统，主要指切割轨迹控制、进给控制、走丝机构控制、操作控制和其他的辅助控制等，它是进行稳定切割加工的重要组成部分。控制系统的可靠性、稳定性、控制精度、动态特性和自动化程度都会直接影响着加工的工艺指标和工人的劳动强度。

切割轨迹控制系统的作用是按照加工要求，自动控制电极相对工件的运动轨迹，以便对材料进行形状与尺寸的加工；进给控制系统的作用是在电极丝相对工件按一定的方向运动时，根据放电间隙的大小与状态自动控制进给速度，使进给速度与工件蚀除的线速度平衡，维持稳定的加工；走丝机构控制电路是控制电极丝自身的运动，它有利于介质带入放电间隙和电蚀物的排除；操作控制电路的作用是对机床的开通、断开及手动进行控制；辅助控制电路的作用是为了加工顺利进行，增加控制功能，提高自动化程度。

4. 工作液循环系统

在数控电火花线切割工艺中，工作液能够恢复极间的绝缘、产生放电的爆炸压力、冷却线电极和工件、排除电蚀产物。线切割加工中，线电极在通过大脉冲电流的作用下，会产生热，如果不及时冷却，就容易发生断丝现象。因此，在放电加工时，必须使工作液充分地将线电极包围起来。

工作液循环装置一般由工作液泵、工作液箱、过滤器、管道和流量控制阀组成。高速走丝机床一般采用浇注式供液方式，工作液是专用乳化液。低速走丝机床可采用浸泡式供液方式，工作液一般采用去离子水。

三、电火花线切割数控编程

电火花线切割数控编程与数控车床、数控铣床、数控加工中心的编程过程一样，也是根据零件图样提供的数据，经过分析和计算，编写出线切割机床数控装置能接受的程序。编程方法分为手动编程和计算机自动编程两种。手工编程是由编程员采用各种计算方法，对编程所需的数据进行处理和计算，最后编写出加工程序。手工编程主要适用于计算量不大，较简单零件程序的编制。自动编程是使用专用的数控语言及各种输入手段，向计算机输入必要的形状和尺寸数据，利用专门的应用软件就可求得编写程序所需的数据，并自动生成加工程序。自动编程适用于复杂程度高，计算工作量大的编程。

1. 手工编程

对于线切割程序，国内一般采用 3B（或 4B）代码格式，国际上采用 ISO 代码格式。目前，国产线切割控制系统也逐步地采用 ISO 代码格式。

1）国际通用 ISO 代码格式

G92　X＿ Y＿;	（以相对坐标方式设定加工坐标起点）
G27;	（设定 XY/UV 平面联动方式）
G01　X＿ Y＿ （U＿ V ＿）;	（直线插补指令）
（X、Y 表示在 XY 平面中以直线起点为坐标原点的终点坐标）	
（U、V 表示在 UV 平面中以直线起点为坐标原点的终点坐标）	
G02　X＿ Y＿ I＿ J＿;	（顺圆插补指令）
G02　U＿ V＿ I＿ J＿;	（以圆弧起点为坐标原点，X、Y(U、V)表示终点坐标，I、J 表示圆心坐标）
G03　X＿ Y＿ I＿ J＿;	（逆圆插补指令）
M00;	（暂停指令）
M02;	（加工结束指令）

2）3B 代码格式

B　X　B　Y　B　J　G　Z

其中，B 表示间隔符；X、Y 表示坐标值；J 表示计数长度；G 表示计数方向；Z 表示加工指令。

（1）分隔符号 B。因为 X、Y、J 均为数字，用分隔符号（B）将其隔开，以免混淆。

（2）坐标值（X、Y）。一般规定只输入坐标的绝对值，其单位为 μm，μm 以下应四舍五入。

对于圆弧，坐标原点移至圆心，X、Y 为圆弧起点的坐标值。

对于直线（斜线），坐标原点移至直线起点，X、Y 为终点坐标值。允许将 X 和 Y 的值按相同的比例放大或缩小。

对于平行于 X 轴或 Y 轴的直线，即当 X 或 Y 为零时，X 或 Y 值均可不写，但分隔符号必须保留。

（3）计数方向 G。选取 X 方向进给总长度进行计数，称为计 X，用 G_X 表示；选取 Y 方向进给总长度进行计数，称为计 Y，用 G_Y 表示。

（4）计数长度 J。计数长度是指被加工图形在计数方向上的投影长度（即绝对值）的总和，以 μm 为单位。

（5）加工指令 Z。加工指令 Z 是用来表达被加工图形的形状、所在象限和加工方向等信息的。控制系统根据这些指令，正确选择偏差公式，进行偏差计算，控制工作台的进给方向，从而实现机床的自动化加工。加工指令共 12 种。

2. 计算机自动编程

随着计算机技术的发展，线切割编程技术也由手工编程向计算机自动编程发展。计算机自动编程系统是 CAD/CAM 一体化程序软件，可实现从绘图到自动生成加工代码直至传送到机床上进行加工的全过程。目前，有编程一体化的线切割自动编程控制及编程系统，如 YH 线切割自动编程控制及编程系统；也有独立的自动编程软件，如 CAXA 线切割、Cimatron E 软件的线切割编程插件等。

下面以 YH 线切割自动编程控制及编程系统为例对计算机自动编程进行简单介绍。

YH 线切割自动编程控制及编程系统是采用先进的计算机图形和数控技术，集控制、编程为一体的高速走丝线切割高级编程控制系统，具有自动编程功能和自动控制功能。

1）自动编程功能

如图 5-4 所示，YH 线切割自动编程控制及编程系统采用全绘图式编程，只要按图纸标注尺寸输入，即可自动编程。系统的全部绘图和一部分最常用的编程功能，用 20 个图标表示，其中，有 16 个绘图控制图标：“点”、“线”、“圆”、“切圆（线）”、“椭圆”、“抛物线”、“双曲线”、“渐开线”、“摆线”、“螺线”、“列表曲线”、“函数方程”、“齿轮”、“过渡圆”、“辅助圆”、“辅助线”；4 个编辑控制图标：“剪除”、“询问”、“清理”、“重画”。4 个菜单按钮分别为“文件”、“编辑”、“编程”和“杂项”。在每个按钮下，均可弹出一个子功能菜单。

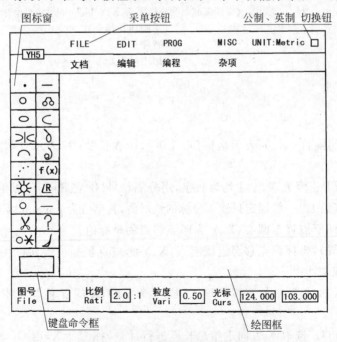

(a) YH自动编程界面

图 5-4　自动编程界面及菜单功能

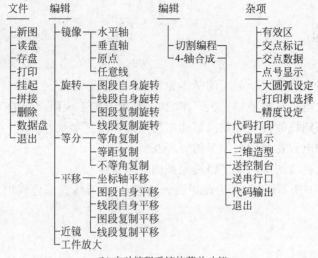

(b) 自动编程系统的菜单功能

图 5-4　（续）

2）自动控制功能

如图 5-5 所示，该系统为基于 DOS 的自动控制系统，具有手动控制、自动定位、模拟仿真、单段加工、反向切割、回退、断丝处理、锥度补偿、断电保护等功能。进入系统后，本系统所有的操作按钮、状态、图形显示全部在屏幕上实现。各种操作命令均可用鼠标或相应的按键完成。

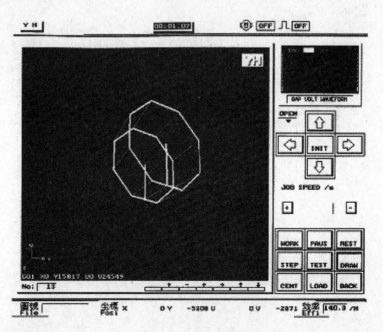

图 5-5　YH 控制界面

思考与习题

5-1　简述数控电火花成型加工的基本原理、加工过程及特点。

5-2　影响数控电火花成型加工生产率、加工精度及加工表面质量的工艺因素有哪些？

5-3　如何合理选择数控电火花成型加工的电加工工艺参数？

5-4　简述数控电火花线切割加工的原理及特点。

5-5　数控电火花线切割的加工路线应如何合理确定？

5-6　加工图 5-6 所示圆弧，A 为此逆圆弧的起点，B 为终点。分别用 3B 和 ISO 格式编制线切割程序。

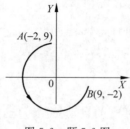

图 5-6　题 5-6 图

5-7　利用 ISO 格式编制图 5-7 所示凹模的线切割程序，电极丝为 $\phi0.2$ 的钼丝，单边放电间隙为 0.01mm。

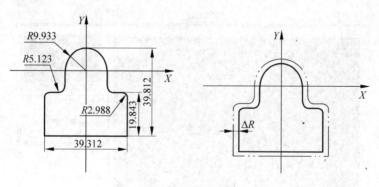

图 5-7　题 5-7 图

项目六　数控机床的安装、调试及验收

项目导读

数控机床的安装与调试是使机床恢复和达到出厂时的各项性能指标的重要环节。数控机床的安装与调试的优劣直接影响到机床的性能。数控机床的安装、调试和验收严格必须按机床制造厂提供的说明书以及有关的标准进行。

本项目主要介绍了数控机床的选用、机床的安装与调试及日常保养和使用注意事项等内容。

项目目标

1. 了解数控机床对环境的要求。
2. 了解加工中心单项切削精度试验包括哪些内容。
3. 学会对机床的维护与保养。
4. 了解机床的精度及性能检验的内容。

任务一　数控机床的选用

作为一名数控技术人员,在设备的选用和配备上要有一定的实际经验,能为企业领导的投资决策提供技术支持。特别是在数控技术高速发展的今天,全面地了解数控技术发展的动向,考虑企业的技术要求和投资力度,全面衡量设备的工艺加工能力等是选好数控设备的重要环节。具体来讲,应在认真进行技术经济分析的基础上,先将在数控设备上加工的工件进行分类,分类时要注意结构相似的原则,同时还要考虑零件的尺寸、重量、加工精度要求等,应从以下几个方面考虑数控设备的选用。

1. 机床的工艺范围

大多数工件可以用二轴半联动的机床来加工,有些工件需要用三轴、四轴甚至五轴联动加工。机床联动功能的冗余是极大的浪费,不仅占用初始投资,而且给使用、维护、修理带来不必要的麻烦。

例如,当工件只要钻削或铣削加工时,就不要去购置加工中心;能用数控车床完成的工件就不要购置车削中心。

总之,对工艺范围的考虑,应以够用为度,在投资增加不多的情况下适当考虑发展余地,不可盲目追求"先进性"。

2. 机床的规格

机床的规格主要是指机床的工作台尺寸以及运动范围等。工件在工作台上安装时要留有适当的校正、夹紧的位置；各坐标的行程要满足加工时刀具的进、退刀要求；工件较重时，要考虑工作台的额定负荷量，尺寸较大的工件，要考虑加工时不要碰到防护罩，也不能妨碍换刀动作；对数控车床主要考虑卡盘的直径、顶尖间距、主轴孔尺寸、最大车削直径及加工长度等。

3. 主电机功率及进给驱动力

使用数控机床加工时，常常是粗、精加工在一次装夹下完成。因此，选用时要考虑主电机功率是否能满足粗加工要求、转速范围是否合适；铰孔和攻螺纹时要求低速大扭矩；钻孔时，尤其钻直径较大的孔时，要验算进刀力是否足够。对有恒切削速度控制的机床，其主电机功率要相当的大，才能实现实时速度跟随，例如直径 360mm 的数控机床，主电机功率达 27KW。

4. 加工精度及精度保持性

影响数控机床加工精度的因素很多，如编程精度、插补精度、伺服系统跟随精度、机械精度等，在机床使用过程中还会有很多影响加工精度的因素发生，如温度的影响，力、振动、磨损的影响等。对用户选用机床而言，主要考虑综合加工精度，即加工一批零件，然后进行测量、统计，分析误差分布情况。

5. 设备运行的可靠性

设备故障是最令人头痛的问题，特别是同类设备台数较少时，设备故障将直接影响生产，衡量设备可靠性可简单地用下面两个指标。

(1) 平均无故障时间(MTBF)，其值可有下式计算：
$$MTBF = 总工作时间/总故障次数(小时)$$

(2) 平均排除故障时间(MTTR)，即从出现故障到故障排除恢复正常为止的平均时间。

从以上两个指标看，所选择的设备一个是要少出故障，同时还要考虑生产厂家的售后服务，即排除故障要及时。

6. 刀库容量与换刀时间

数控机床的砖塔刀架有 4~12 把刀，大型机床还多些，有的机床具有双刀架或三刀架。按加工零件的复杂程度，一般选取 8~12 把刀已足够(其中包括备用刀具)。加工中心的刀库容量有 10~40 把、60 把、80 把、120 把等配置，选用时以够用为原则。

因换刀方式和换刀机构不同，加工中心的换刀时间约为 0.5~15s。小于 5s 时，对换刀机构的性能要求较高，直接影响到造价，应根据加工的节拍和投资综合考虑。

数控车床的换刀时间，由于其结构较加工中心简单，相邻刀具的更换只需 0.3s。对角换刀时间为 1s 左右。

另外，为使机床正常运行，对刀具系统的配用和购置各种刀具的数量也应充分地重视。刀具的购置费用有时相当高，特别是加工中心的刀柄。

7. 附件及附属装置的选用

附件及附属装置主要包括冷却装置、排屑装置等。现代数控机床都使用大流量的冷却液，不仅可以降低切削区的温度，保证高效率的切削，而且可以起到冲屑的作用。配有排屑装置时，可以保证加工自动连续的运行。

有的机床采用刀具内冷却系统,如带有冷却液的钻头等,有的车床,冷却液从转塔刀盘中流出,直接冲到刀具切削区;有的加工中心,冷却液从主轴套周围的孔冲出,不仅使刀具充分冷却,还能带走主轴发出的热量。

对于机床导轨的润滑,广泛使用集中自动润滑装置。可按编程的时间,间歇供油,当储油池油量不足时,将发出报警信号。

用数控机床对棒料切断时,利用工件收集装置,将切下的工件收走,加工中心可以加装交换工作台,使装卸工作的时间与机动时间重合。

为了充分利用数控机床,最好使用机外调刀,这时需要配备调刀仪或调刀机,一台调刀仪(机)可为多台机床服务,购置时应考虑其负荷量。

近年来,出现了各种刀具的破损监控和磨损监控系统,刀具磨损后可自动补偿,刀具破损后自动停机。还有精度监控装置,使用接触式测头,监控工件精度,当快要超差时,自动进行补偿。还可以对机床进行温度监控并自动补偿。其他还有切削力、振动、噪声等监控技术,其中有的已成熟,有的尚不稳定,但都会增加造价,选择时应慎重考虑。

有的数控系统有前后台编辑功能,即在机床加工时,可以进行新程序的输入,程序的编辑或修改等操作,提高机床的开发率。现代数控系统都有与通用计算机的通信功能,可使用CAD/CAM 软件或专用编辑机进行通信。

8. 投资决策

数控机床的效率高,而初期投资比普通机床高几倍,甚至十几倍,因而投资要十分慎重。在技术方面进行可行性论证以后,还要会同财会人员,进行投资决策分析。一般从经济角度来看投资过程,为挖掘生产潜力而支出资金,并利用这种潜力收回资金。按决策方式,分为工艺对比法计算和投资计算。工艺对比方法计算是同一种工件用不同的工艺方法达到相同的质量要求,要比较制造成本。投资计算,主要是从利润的角度来做比较,常用的是统计法,以相当的实际值计算收入和支出,计算利润率和回收期:

$$回收期 = 投资额 / 每年平均回收额(年)$$

9. 考虑厂家的售后服务

这是一个很重要的方面,厂家的售后服务包括对买方人员的培训、技术支持、排除故障的快速性及保障程度等。

10. 考虑设备的模块化程度

即某些部件、电路板在损坏后可否方便的更换或替代。

任务二　数控机床的安装与调试

1. 数控机床的安装

1)对数控机床地基和环境的准备

在与制造厂签订购置数控机床的合同后,即可向制造商索取机床安装地基图、安装技术要求及整机用电量等有关的接机准备的材料。小型数控机床只对地坪有一定的要求,不用地脚螺钉紧固,只用支钉或减震垫来调整机床使其处于水平状态。中、大型机床(或精密机床)需要做地基,并用地脚螺钉紧固,精密机床还要在地基周围做防震沟。

电网电压的波动应控制在-15%～10%,否则应调整电网电压或配置交流稳压器。数控机床应远离各种干扰源,如电焊机,高频、中频热处理设备和一些大电流易产生火花的设备,与其距离要大于500m左右。数控机床不要安装在太阳直射的地方,环境温度、湿度应符合说明书的规定。绝对不能安装在有粉尘产生的车间里。

2) 数控机床的初始就位

机床拆箱后,首先找到随机的文件资料,找出机床装箱单,按照装箱单清点包装箱内的零件、电缆、资料等是否齐全。然后再按机床说明书中的要求,把组成机床的大部分部件在地基上就位。就位时,垫铁、调整垫板和地脚螺丝等也应对应入座。

3) 机床各部件的组装连接

机床各部件组装连接前,首先做好各部件外表清洁工作,并除去各部件安装连接表面、导轨和运动面上的防锈涂料,然后再把机床各部件组装连接成整机。当组装连接时,需要将立柱、数控装置柜、电气柜等装在床身上;刀库机械手需要装在立柱上,床身上装上加长床身等,均要使用机床原来的定位销、定位块和其他的定位元件,使各部件的安装位置恢复到机床拆卸前的状态,以利于下一步的精度调试。

各部件组装完毕后,在进行电缆、油管和气管的连接。机床说明书有电气接线图和液、气压管路图,可以根据该图把有关电缆和管道接头按标记对应接好。连接时应注意整洁和可靠地接触及密封,并注意检查有无松动和损坏。电缆接头插入后,一定要拧紧紧固螺钉,保证接触可靠。油管、气管在连接过程中,要特别防止污物从接口中进入管道,造成整个液压系统故障;管路连接时,所有管接头都必须对正拧紧。否则在试车时,往往由于一根管子渗漏,造成需要拆下一批管子,返修工作量很大。电缆和油管全部连接完毕后,还应做好各缆线及管子的就位固定、防尘罩壳的安装工作,以保证机床的外观整齐。

4) 数控系统的连接

数控系统开箱后,首先应仔细的检查系统本体和与之配套的进给速度控制单元及伺服电动机、主轴控制单元及主轴电动机。检查它们的包装是否完整无损,实物和订单是否相符。此外,还须检查控制柜内插接件有无松动,接触是否良好。

其次,进行外部电缆的连接。外部电缆的连接是指数控装置与外部CRT/MDI单元、强电柜、机床操作面板、进给伺服电动机动力线与反馈信号线、主轴电动机动力线与反馈信号线的连接以及手摇脉冲发生器的连接,应使上述连接符合随机提供的连接手册的规定。最后还应进行地线连接,地线应采用辐射式接地法,即将数控柜中的信号地线、强电地线、机床地线等连接到公共接地点上。

数控柜与强电柜之间应有足够的保护接地电缆,一般采用截面积为5.5～14mm² 的接地电缆。而总的公共接地点必须与大地接触良好,一般要求接地电阻小于4～7Ω。

最后,接通数控柜电源并检查输出电压是否正常。接通数控柜电源以前,先将电动机动力线断开,这样可使数控系统工作时机床不引起运动。但是,应根据维修说明书对速度控制单元做一些必要的设定,以避免因电动机动力线断开而报警。然后检查数控柜台各个风扇是否旋转,并借此确认电源是否接通。再检查各印制线路板上的电压是否正常,各种直流电压是否在允许的波动范围内。

2. 数控机床的调试

机床调试前,应按说明书要求给机床润滑油油箱、润滑点灌注规定的油液和油脂,用煤油清洗液压油箱及滤油器并灌入规定牌号的液压油,接通外界的输入气源。

1) 通电试车

机床通电试车一般先对各部件分别供电,再做全面供电实验。通电后首先从观察有无报警故障,然后用手动方式陆续启动各部件,并检查安全装置是否起作用、能否正常工作、能否达到额定的工作指标。例如启动液压系统时,检查液压泵电动机转向,系统压力是否可以形成,液压元件能否正常工作等。应按照机床说明书,检查机床主要部件的功能是否正常、齐全,使机床各部件都能操作、运动。

接下来调整机床的床身水平,粗调床身的主要几何精度,再调整重新组装的主要运动部件与主机的相对位置,如机械手、刀库与主机换刀位置的校正,APC 托盘站与机床工作台交换位置的找正等。这些工作完成后,就可以用快干水泥灌注主机和各附件的地脚螺栓,整个预留孔灌满,等水泥完全干固后,就可以进行下一步的工作了。

在数控系统与机床联机通电时,虽然数控系统已经确认工作正常,无任何报警,但为了预防万一,应在接通电源的同时,做好按压应急按钮的准备,以便随时切断电源。在检查机床各轴的运转情况时,用手连续进给移动各轴,通过数字显示器 CRT 显示值检查机床部件移动方向是否正确。如方向相反,则应将电动机动力线及检测信号线反接。然后检查各轴移动距离是否与移动指令相符,如不相符,应检查有关指令、反馈参数及位置控制环增益、丝杠螺距设置等参数设定是否正确。随后,再用手动进给,以低速移动各轴,并使它们碰到超越开关,以检查超程限位是否有效,数控系统是否在超程时发出报警。

最后,还应进行一次返回基准点动作。机床基准是以后机床进行加工的程序基准位置,因此,必须检查有无返回基准点功能以及每次返回基准点的位置是否完全一致。

2) 机床精度和功能的调试

(1) 使用精度水平仪、标准尺、平尺和平行光管等检测工具,在已经固化的地基上用地脚螺栓垫铁精调机床主床身的水平,并在找正水平后移动床身上的各运动部件,例如立柱、溜板和工作台等,观察各坐标全行程内机床的水平变化情况,使之调整机床几何精度在允差范围之内。调整时,主要以调整垫铁为主,必要时可稍微改变导轨上的镶条和预紧滚轮,使机床达到出厂精度。

(2) 应用"G28 Y0 Z0"等程序让机床自动运动到刀具交换位置,再以手动方式调整好装刀机械手和卸刀机械手相对主轴的位置。

调整时,一般用一个校对芯棒进行检测。出现误差时,可以通过调整机械手的行程,移动机械手支座和刀库位置等,必要时还可以修改换刀位置点的设定。调整完毕后就紧固各调整螺钉及刀库地脚螺栓,然后装上几把刀柄,进行多次从刀库到主轴的往复自动交换,要求动作准确无误,不得出现撞击和掉刀现象。

(3) 对带有 APC 交换工作台的机床,应将工作台移动到交换位置,再调整托盘站与交换台面的相对位置,达到工作自动交换时动作平稳、可靠、正确。然后再工作台面上装有70%~80%的允许负载,进行承载自动交换,达到正确无误后紧固各有关螺钉。

(4) 检查数控系统中参数设定是否符合随机资料中规定的数据,然后试验各主要操作功能、安全措施、常用指令执行情况等。例如,各种运动方式(手动、点动、MDI、自动等)、主轴挂挡指令、各级转速指令等是否正确无误。

（5）检查机床辅助功能及附近的正常工作，例如照明灯、冷却防护罩和各种护板是否完整；切削液箱注满冷却液后，喷管能否正常喷出切削液；在用冷却防护罩条件下是否有切削液外漏；排屑器能否正常工作；主轴箱的恒温油箱是否起作用等。

3）机床试运行

数控机床在带有一定负载条件下，经过较长时间的自动运行，比较全面地检查机床功能及工作可靠性，进行数控机床的试运行。试运行的时间，一般采用每天运行 8h，连续运行 2～3 天；或运行 24h，连续运行 1～2 天。

试运行中采用的程序称为考机程序，可以采用随箱技术文件中的考机程序，也可以自行编制一个考机程序。一般考机程序中应包括主要数控系统的功能使用，自动换刀取刀库中2、3 把以上刀具，主轴最高、最低及正常的转速，快速及常用的进给速度，工作台面的自动交换，主要的 M 指令等。试运行的刀库应插满刀柄，刀柄质量应接近规定质量，交换工作台上应加有负载。在试运行时间内除操作失误引起的故障外，不允许机床的其他故障出现，否则表明机床的安装调试存在问题。

任务三　数控机床精度和性能检验及验收

数控机床的全部检测验收工作是一项工作量和技术难度很大的工作。它需要使用高精度检测仪器对数控机床的机、电、液、气等各部分及整机进行综合性能和单项性能的检测。其中包括进行刚度和热变形等一系列试验，最后得出对该机床的综合评价。这项工作在行业内是由国家指定的机床检测中心进行，得出权威性的结论。所以这类验收工作一般适合于机床样机的鉴定检测或行业产品评比检验以及关键进口设备的检验。对于一般的数控机床用户，其验收工作室根据机床出厂检验合格证上规定的验收技术指标和实际能提供的检查手段，部分地或全部地测定机床合格证上的技术指标。如果各项数据都符合要求，用户应该将这些数据列入该设备进厂的原始技术档案中，作为日后维修时的技术指标的依据。下面内容是数控机床验收的一些主要工作。

一、数控机床精度检验

1. 机床几何精度检验

机床的几何精度检验也称为静态精度检验，它能综合反映出该机床的关键零部件和其组装后的几何形状误差。机床的几何精度检验必须在地基和地脚螺栓的固定混凝土完全固化后才能进行，新灌注的水泥地基要经过半年左右的时间才能达到稳定状态，因此机床的几何精度在机床使用半年后要复校一次。

检验机床几何精度的常用检验工具有精密水平仪、直角尺、精度方箱、平尺、平行光管、千分表或测微仪、高精度主轴芯棒及一些刚性较好的千分表杆等。检验工具的精度必须比所检测的几何精度高出一个数量等级。

机床的几何精度处在冷、热不同状态时是不同的。按国家标准的规定，检验之前要使机床预热,机床通电后移动各坐标轴在全行程内往复运动几次,主轴按中等的转速运转十几分钟后进行几何精度检验。

下面是一台普通立式加工中心的几何精度检验内容。

(1) 工作台面的平面度。

(2) 各坐标方向移动的相互垂直度。

(3) X、Y 坐标方向移动时工作台面的平行度。

(4) X 坐标方向移动时工作台面 T 型槽侧面的平行度。

(5) 主轴的轴向窜动。

(6) 主轴孔的径向跳动。

(7) 主轴箱沿 Z 坐标方向移动时主轴轴心线的平行度。

(8) 主轴回转轴线对工作台面的垂直度。

(9) 主轴箱在 Z 坐标方向移动的直线度。

从上面各项几何精度的检验要求可以看出,一类是机床各大部件如床身、立柱、溜板、主轴箱等运动的直线度、平行度、垂直度的精度要求;另一类是参与切削运动的主要部件如主轴的自身回转精度、各坐标轴直线运动的精度要求。这些几何精度综合反映了机床的机械坐标系的几何精度和进行切削运动的主轴部件在机械坐标系中的几何精度。工作台面和台面上的 T 型槽都是工件或工件夹具的定位基准,工作台面和 T 型槽相对于机械坐标系的几何精度要求,反映了数控机床加工过程中的工件坐标系相对于机械坐标系的几何关系。

2. 机床定位精度检验

数控机床的定位精度是机床各坐标轴在数控系统控制下所能达到的位置精度。根据实测的定位精度数值,可以判断机床在自动加工中能达到的加工精度。

一般情况下定位精度主要检验的内容有:

(1) 直线运动定位精度(X、Y、Z、U、V、W 轴)。

(2) 直线运动重复定位精度。

(3) 直线运动轴机械原点的返回精度。

(4) 直线运动失动量测量。

(5) 回转运动定位测量(A、B、C 轴)。

(6) 回转运动重复定位精度。

(7) 回转运动原点的返回精度。

(8) 回转运动失动量测量。

检测直线运动的工具有测微仪、成组块规、标准长度刻线尺、光学读数显微镜和双频激光干涉仪等。标准长度的检测以双频激光干涉仪为准。回转运动检测工具一般有 36 齿精确分度的标准转台、角度多面体、高精度圆光栅等。

3. 机床切削精度的检验

机床切削精度的检验实质上是几何精度和定位精度在切削加工条件下的一项综合检验。机床切削精度检查可以是单向加工,也可以加工一个标准的综合性试件。

以普通立式加工中心为例,其单项加工有:

(1) 镗孔精度。

（2）端面铣刀铣削平面的精度（XY 平面）。

（3）镗孔的孔距精度和孔径分散度。

（4）直线铣削精度。

（5）斜线铣削精度。

（6）圆弧铣削精度。

对于普通卧式加工中心，则还应有：

（1）箱体掉头镗孔的同轴度。

（2）水平转台回转 90°铣四方时的加工精度。

被切削加工试件的材料除特殊要求外，一般都采用一级铸铁，使用硬质合金刀具按标准的切削用量切削。

二、数控机床性能检验

1. 主轴性能检验

1）手动操作

选择高、中、低三挡转速，主轴连续进行 5 次正转和反转的启动、停止，检验其动作的灵活性和可靠性。同时，观察负载表上的功率显示是否符合要求。

2）手动数据输入方式（MDI）

使主轴由低速到最高速旋转，测量各级转速值，转速允差值为设定值的 ±10%。进行此项检查的同时，观察机床的振动情况。主轴在 2h 高速运转后允许温升 15℃。

3）主轴准停

连续操作 5 次以上，检验其动作的灵活性和可靠性。有齿轮挂挡的主轴箱，应多次试验自动挂挡，其动作应准确可靠。

2. 进给性能检验

1）手动操作

分别对 X、Y、Z 直线坐标轴（回转坐标 A、B、C）进行手动操作，检验正、反向的低、中、高速进给和快速移动的启动、停止、点动等动作的平稳性和可靠性。在增量方式（INC 或 STEP）下，单次进给误差不得大于最小设定当量的 100%。在手轮方式下，手轮每格进给误差和累计进给误差同增量方式。

2）用手动数据输入方式（MDI）

通过 G00 和 G01F 指令功能。测定快速移动及各进给速度，其允许误差为 ±5%。

3）软件限位

通过下述两种方法，检验各伺服轴在进给时软硬限位的可靠性。数控机床硬限位是通过行程开关来确定的，一般在各伺服轴的极限位置，因此，行程开关的可靠性及决定了硬限位的可靠性；软限位是通过设置机床参数来确定的，限位范围是可变的，软限位是否有效可观察伺服轴在到达设定位置时，伺服轴是否停止来确定。

4）回原点

用回原点（REF）方式，检验各伺服轴回原点的可靠性。

3. 自动换刀(ATC)性能

1) 手动和自动操作

刀库在装满刀柄的满负载条件下,通过手动操作运行和 M06、T 指令自动运行,检验刀具自动交换的可靠性和灵活性、机械手爪最大长度和直径刀柄的可靠性、刀库内刀号选择的准确性以及换刀过程的平稳性。

2) 刀具交换时间

根据技术指标,测定交换刀具的时间。

4. 机床噪声检验

数控机床噪声包括主轴电动机的冷却风扇噪声、液压系统油泵噪声等。机床空运转时噪声不得超过标准规定的 85dB。

5. 润滑装置检验

检验定时定量润滑装置的可靠性,润滑油路有无泄漏,油温是否过高,以及润滑油路到润滑点的油量分配状况等。

6. 气、液装置检验

检查压缩空气和液压油路的密封,气液系统的调压功能及液压油箱的工作情况等。

7. 附属装置检验

检查冷却装置能否正常工作,排屑器的工作状况,冷却防护罩有无泄漏,带负载的交换托盘(APC)能否自动交换并准确定位,接触式测量头能否正常工作等。

任务四　日常保养和使用注意事项

每台机床数控系统在运行一段时间之后,某些元器件或机械部件难免出现一些损坏或故障现象。对于这种高精度、高效益、价格又昂贵的设备,如何延长元器件的寿命和零件的磨损周期,预防各种故障,特别是将恶性事故消灭在萌芽状态,从而提高系统的平均无故障工作时间和使用寿命,一个重要的方面是要做好预防性维护和日常的保养。

(1) 严格遵循操作规程。数控系统编程、操作和维修人员必须经过专门的技术培训,熟悉所用数控机床的机械、数控系统、强电设备、液压、气源等部分及使用环境、加工条件等;能按机床和系统使用说明书的要求正确、合理的使用。应尽量避免因操作不当引起的故障。应按操作规程要求进行日常保养工作。

(2) 对磁盘驱动装置的定期维护。对磁头应用专用清洗盘定期进行清洗。

(3) 防止数控装置过热。定期清理数控装置的散热通风系统。应经常检查数控装置上的冷却风扇工作是否正常。

(4) 经常监视数控系统的电网电压。通常,数控系统允许的电网电压范围在额定值的85%～110%,如果超出此范围,轻则使数控系统不能稳定工作,重则会造成重要电子元件损坏。

(5) 定期检查和更换直流电动机电刷。目前,一些老的数控机床上使用的大部分是直流电动机。这种电动机电刷的过度磨损会影响其性能甚至损坏。所以,必须定期检查电刷。

(6) 防止尘埃进入数控装置内。除了进行检修外,应进行少开电气柜门。因为车间内空气中漂浮的灰尘和金属粉末落在印刷电路板和电器接插件上,容易造成元件间绝缘电阻下降,从而出现故障甚至元件损坏。有些数控机床的主轴控制系统安置在强电柜中,强电门关得不严,是使电器元件损坏、主轴控制失灵的一个原因。夏天气温过高时,有些使用者干脆打开数控柜门,用电风扇往数控内吹风,以降低机内温度,使机床勉强工作。这种办法会导致系统加速损坏。电火花加工数控设备和火焰切割数控设备,周围金属粉尘大,更应注意防止外部尘埃进入数控柜内部。

(7) 存储器用电池定期检查和更换。通常,数控系统中部分 CMOS 存储器中的存储内容在断电时靠电池供电保持。一般采用锂电池或可充电的镍镉电池。当电池电压下降至限定值就会造成参数丢失。因此,要定期检查电池电压,当该电压下降至限定值或出现电池电压报警应及时更换电池。更换电池时一般要在数控系统通电状态下进行,这样才不会造成存储参数丢失。一旦参数丢失在调换新电池后,可重新将参数输入。

(8) 长期闲置不用时的保养。当数控机床长期闲置不用时,也应定期对数控系统进行维护保养。应经常给数控系统通电,在机床锁住不动的情况下,让其空运行。在空气温度较大梅雨季节应天天通电,利用电器元件本身发热驱走数控柜内的潮气,以保证电子部件的性能温度、可靠。

如果数控机床闲置半年以上不用,应将直流伺服电动机的电刷取出来,以免由于化学腐蚀作用,使换向器表面腐蚀,换向性能变坏,甚至损坏整台电动机。

思考与习题

6-1　数控机床的安装调试有哪些内容?

6-2　数控机床的精度检验有哪些内容?

6-3　数控系统的验收有哪些内容?

6-4　试述回收期的计算方法。

6-5　加工中心单项切削精度试验包括哪些内容?

6-6　数控的日常保养应该注意哪些?

项目七　实训项目强化

项目导读

　　本项目从综合数控技术的实际应用出发,给出了数控车床、数控铣床及加工中心和电火花线切割加工实例,如果希望较好地掌握这门技术就应该仔细地理解和消化它,相信通过此项目的学习,读者将能够举一反三。

项目目标

1. 能准确地编制程序并熟练操作数控车床。
2. 能准确地编制程序并熟练操作数控铣床。
3. 能准确地编制程序并熟练操作数控加工中心。
4. 能准确地编制程序并熟练操作数控电火花线切割机床。

任务一　数控车零件编程加工

（一）实训目的

1. 正确认识螺纹标记符号和螺纹基本参数计算。
2. 能独立确定出螺纹加工方案。
3. 能灵活运用螺纹切削指令进行程序的编制。
4. 明确螺纹检测的方法并熟练使用螺纹检测量具。
6. 掌握子程序的编程技巧,加工本螺纹轴中所涉及的子程序加工部分。
7. 掌握数控车床编程指令(G02/G03、G32、G92、M98、M99、G71、G70 等指令)。

（二）实训内容

1. 加工图 7-1 所示螺纹轴零件。

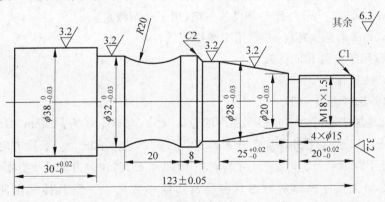

图 7-1　螺纹轴零件加工

2. 相关知识。

本阶梯轴的加工实训项目主要是进行外圆面、台阶面、沟槽面及外螺纹的加工,所涉及数控车床编程中的编程指令,项目三已讲解过,这里不再详述,本任务用到的相关指令列举如下:

(1) G02/G03　　顺/逆圆弧插补　　格式:G02/G03 X(U)＿ Z(W)＿ R＿ F＿;

(2) G32　　　　直线螺纹切削　　格式:G32 X(U)＿ Z(W)＿ F＿;

(3) G92　　　　螺纹切削循环　　格式:G92 X(U)＿ Z(W)＿ (R)＿ F＿;

(4) M98　　　　子程序调用　　　格式:M98 P＿;或 M98 P＿ L＿;

(5) M99　　　　返回主程序　　　格式:M99;

(6) G71　　　　外圆粗车循环　　格式:G71 U＿ R＿;

　　　　　　　　　　　　　　　　　　　　G71 P＿ Q＿ U＿ W＿ F＿ S＿ T＿;

(7) G70　　　　精加工循环　　　格式:G70 P＿ Q＿;

(8) 三角螺纹尺寸计算,见表 7-1。

表 7-1　三角螺纹尺寸计算

名　称		代　码	计　算　公　式
外螺纹	牙型角	α	$60°$
	原始三角形高度	H	$H=0.866P$
	牙型高度	h	$h=0.5413P$
	中径	d_2	$d_2=d-0.6495P$
	小径	d_1	$d_1=d-1.0825P$
内螺纹	中径	D_2	$D_2=d_2$
	小径	D_1	$D_1=d_1$
	大径	D	$D=d=$公称直径

3. 量具准备。

0～150mm 钢直尺一根,用于长度测量。

0～150mm 游标卡尺一把,用于测量外圆及长度。

25～50mm、50～75mm 外径千分尺各一把,用于外圆测量。

M18×1.5mm 的螺纹环规一套,用于螺纹测量。

R 规一套,用于检测 R20 圆弧。

4. 工艺路线安排。

(1) 识图并选择刀具。

通过螺纹轴加工图(图 7-1),根据零件的总体尺寸,选择毛坯为 $\phi40mm×150mm$ 棒料,材料为 45 号钢。工件主要外圆加工面为 $\phi28_{-0.03}^{0}$、$\phi32_{-0.03}^{0}$、$\phi38_{-0.03}^{0}$,长度方向各个台阶面主要保证的尺寸为 $20_{0}^{0.02}$、$25_{0}^{0.02}$、$30_{0}^{0.02}$,工件总长 $123±0.05$,螺纹退刀槽尺寸为 $4×\phi15$。根据上述所需主要加工尺寸确定所需刀具种类及切削参数见表 7-2,具体加工路线如图 7-2所示。

表 7-2　刀具选择及切削参数

| 序号 | 加工面 | 刀具号 | 刀具规格 | | 转速 $n/(r \cdot min^{-1})$ | 余量 | 进给速度 $V/(mm \cdot min^{-1})$ |
			类型	材料			
1	外圆粗车	T01	90°外圆车刀	硬质合金	800	0.2	100
2	外圆精车	T01	90°外圆车刀		1000	0	50
3	切槽	T02	4mm 槽刀		400	0	50
4	车螺纹	T03	1.5 外螺纹刀		300	0	
5	切断	T04	切断刀		400	0	50

（2）安装刀具并调整刀尖高度与工件中心对齐。

（3）粗车毛坯外圆，保证工件最大外圆面尺寸 ϕ40mm。

（4）使用三爪卡盘夹持毛坯左侧 ϕ40mm 外圆面 20mm 左右，并找正夹紧。

（5）对刀操作，将外圆刀、切槽刀、螺纹刀及切断刀工件坐标系中心设定在工件右端面中心。

（6）调用 90°外圆刀，采用 G71 外圆粗车固定循环对以上各个外圆及锥面进行粗车，如图 7-2(a)所示，留余量 0.1mm。

（7）采用 G70 精加工循环指令进行外圆面及端面的精加工。

（8）调用外圆刀采用 M98 指令调用子程序进行 R20 圆弧的切削，如图 7-2(b)所示。

（9）调用 4mm 切槽刀切削螺纹退刀槽尺寸 $4 \times \phi$15mm。

（10）调用螺纹刀采用 G92 或 G32 指令进行 M18×1.5mm 的螺纹切削，如图 7-2(c)所示。

（11）调用切断刀切断工件，保证总长 123±0.05mm，如图 7-2(d)所示。

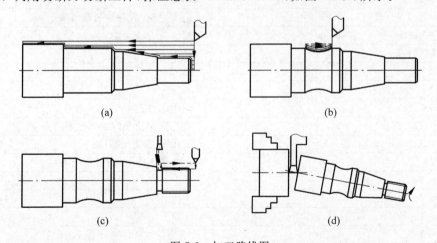

(a)　　　　　　　　　　　　　(b)

(c)　　　　　　　　　　　　　(d)

图 7-2　加工路线图

(a) G71、G70 加工外圆；(b) M98 车削 R20 圆弧；(c) 切槽及车螺纹；(d) 切断

5. 参考程序。

采用 FANUC 0i-Mate 系统对本实训项目进行编程，数控加工程序编制见表 7-3。

表 7-3　参考程序

程 序 语 句	说　　明
O0001;	程序名,以 O 开头
G98;	每转进给
M43;	主轴高档位置
M03 S800;	正转,每分钟 800 转
T0101;	调用 1 号刀,90°外圆刀
G00 X40 Z5;	快速点定位至 G71 起刀点
G71 U1.5 R0.5;	采用 G71 粗车固定循环粗车外圆
G71 P10 Q20 U0.2 W0.1 F100;	
N10 G00 X0;	N10～N20 区间为外圆精加工语句
G01 Z0 F50;	
X18 C1;	车削 C1 倒角
Z-24;	车削 M18×1.5mm 螺纹
X20;	
X28 W-25;	车削锥面
W-6;	
X32 W-2;	车削 C2 倒角
Z-93;	车削 φ32 外圆
X38;	
N20 Z-123;	车削 φ38 外圆,精加工语句结束
G70 P10 Q20;	调用精加工循环,保证外圆尺寸
G00 X40 Z-63;	点定位准备调用子程序
M98 P080002;	调用子程序加工 R20 圆弧
G00 X100 Z100;	退刀
T0202;	调用切槽刀
G00 X25 Z-24;	快速定位,准备切削退刀槽
G01 X15 F50;	螺纹退刀槽切削
G04 X2;	延时 2s
G00 X100;	退刀
Z100;	
T0303;	调用螺纹刀
G00 X25 Z5;	快速点定位至螺纹切削起刀点
G92 X19 Z-22 F1.5;	采用 G92 切削螺纹
X17;	G92 模态指令,重复部分省略
X16.5;	
X16.3;	
X16.2;	
X16.1;	
X16.052;	
G00 X100 Z100;	退刀
70404;	调用切槽刀
G00 X40 Z-127;	快速定位,准备切断
G01 X0 F50;	工件切断保证总长

续表

程 序 语 句	说　　明
G00 X100 Z100；	退刀
M30；	程序结束复位
O0002；	子程序名
G01 U−1 F50；	沿 X 方向增量值进给 1mm
G02 W−20 R20；	切削 R20 圆弧
G00 W20；	退回起点
M99；	返回主程序

6. 考核评价。

（1）学生完成零件加工，各组交换检测，填写实训报告相应内容。

（2）教师对零件外圆面及螺纹质量检测，并对实训报告相应内容进行相应批改，对学生整个加工过程进行分析，对学生进行项目成绩的评定，记录相应的评分表。

（3）收回所使用的刀夹量具，并做好相应的使用记录。

任务二　数控铣零件编程加工

（一）实训目的

1. 掌握轮廓类零件的数控加工工艺设计方法。

2. 3 种刀具半径补偿的含义及用法。

3. 掌握常用量具的用法。

4. 明确加工过程中切削参数的选择。

（二）实训内容

1. 加工图 7-3 所示零件。

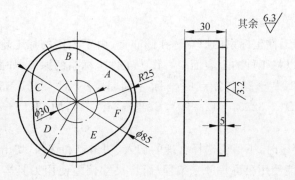

图 7-3　曲线轮廓图

2. 相关指令。

本轮廓类零件的加工实训项目主要进行外轮廓的加工,所涉及的为数控铣编程中的最基本的常用编程指令,项目三已讲解过,这里不再详述,本任务用到的相关指令列举如下:

(1) G00　　快速点定位　　　　格式:G00 X __ Y __ Z __;

(2) G01　　直线插补　　　　　格式:G01 X __ Y __ Z __ F __;

(3) G02　　圆弧插补　　　　　格式:G02 X __ Y __ R __;

(4) G42　　刀具半径右补偿　　格式:G42 X __ Y __ D __;

3. 量具准备。

0~150mm 钢直尺一根,用于长度测量。

0~150mm 游标卡尺一把,用于测量圆外圆、孔径及深度。

4. 工艺路线安排。

(1) 零件图的分析。

该工件的材料为硬铝,切削性能较好,加工部分凸台的精度不高,可以按照图纸的基本尺寸进行编程,依次铣削完成。

(2) 加工方案和刀具选择。

由于凸台的高度是 5mm,工件轮廓外的切削余量不均匀,根据计算,选用 Φ10mm 的圆柱形直柄铣刀,通过一次铣削成型凸台轮廓。根据上述所需主要加工尺寸确定所需刀具种类及切削参数见表 7-4。

表 7-4　刀具选择及切削参数

序号	加工面	刀具号	刀具规格		转速 $n/(r \cdot min^{-1})$	余量	进给速度 $V/(mm \cdot min^{-1})$
			类型	材料			
1	凸台外轮廓	T01	ϕ10mm 直柄立铣刀	硬质合金	800	0.1	60
2	凸台外轮廓	T01	ϕ10mm 直柄立铣刀		800	0	80

(3) 工件的安装。

本例工件毛坯的外形是圆柱体,为使其定位和装夹准确可靠,选择两块 V 形铁和机用虎钳来进行装夹。

(4) 工件坐标系的确定。

圆形工件一般将工件坐标系的原点选在圆心上,由于本例的加工轮廓关于圆心和 X 轴有一定的对称性,所以将工件的上表面中心作为工件坐标系的原点,如图 7-3 所示。

根据计算,图 7-3 中轮廓上各点的坐标分别是:$A(27.5,21.651)$,$B(5,34.641)$,$C(-32.5,12.990)$,$D(-32.5,-12.990)$,$E(5,-34.641)$,$F(27.5,-21.651)$。

5. 参考程序。

编制轮廓加工程序时,不但要选择合理的切入、切出点和切入、切出方向,还要考虑轮廓的公差带范围,尽可能使用公称尺寸来编程,而将尺寸偏差使用刀具半径补偿来调节,但如果轮廓上不同尺寸的公差带不在轮廓的同一侧,就应根据标注的尺寸公差选择准确合理的编程轮廓。参考程序见表 7-5。

表 7-5 参考程序

程 序 语 句	说　　明
O1002；	
G90 G40 49；	安全保护指令
G54 G00 X50 Y20 Z50；	
M03 S800；	
G42 G01 X27.5 Y21.651 F60 D01；	建立刀具补偿，切向轮廓上第一点（A 点）
G01 Z−5 F60；	
X5 Y34.641；	切向轮廓 B 点
G03 X−32.5Y12.990 R25；	切向轮廓 C 点
G01 Y−12.990；	切向轮廓 D 点
G03 X5 Y−34.641 R25；	切向轮廓 E 点
G01 X27.5 Y−21.651；	切向轮廓 F 点
G03 Y21.651 R25；	切到 A 点，轮廓封闭
G01 G40 X30 Y40；	取消刀具半径补偿
G00 Z50；	
M05；	主轴停
M30；	程序结束复位

6. 考核评价。

（1）学生完成零件，各组交换检测，填写实训报告相应内容。

（2）教师对零件加工质量检测，并对实训报告相应内容进行相应批改，对学生整个加工过程进行分析，对学生进行项目成绩的评定，记录相应的评分表。

（3）收回所使用的刀夹量具，并做好相应的使用记录。

任务三　数控加工中心零件加工

（一）实训目的

1. 掌握孔类零件的数控加工工艺设计方法。

2. 掌握圆弧插补的用法。

3. 掌握刀具半径补偿的用法。

4. 明确加工过程中切削用量的选择。

5. 了解数控铣及加工中心的编程特点。

（二）实训内容

1. 加工图 7-4 所示零件。

图 7-4 所示零件，毛坯原尺寸长×宽×高为 170mm×110mm×50mm，现下底面和外轮廓均已加工完要求加工该零件的上表面、所有孔及 ϕ60mm 圆。

2. 相关指令。

本孔及外圆轮廓的加工实训项目主要进行圆孔、外圆轮廓面的加工，所涉及的为数控加

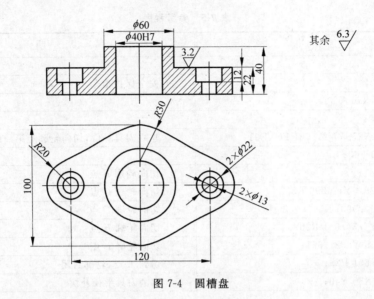

图 7-4　圆槽盘

工中心编程中的最基本的编程指令,项目三已讲解过,这里不再详述。本任务用到的相关指令列举如下:

　　(1) G76　　　镗孔循环　　　　格式:G76 X ＿ Y ＿ Z ＿ R ＿ F ＿;

　　(2) G83　　　钻孔循环　　　　格式:G83X ＿ Y ＿ Z ＿ R ＿ F ＿ Q ＿;

　　(3) T　　　　换刀指令　　　　格式:T ＿ ＿;

　　(4) G00　　　快速点定位　　　格式:G00 X ＿ Y ＿ Z ＿;

　　(5) G01　　　直线插补　　　　格式:G01 X ＿ Y ＿ Z ＿ F ＿;

　　(6) G03　　　圆弧插补　　　　格式:G03 X ＿ Y ＿ R ＿;

　　(7) G43　　　长度补偿　　　　格式:G43 Z ＿ H ＿;

　　3. 量具准备。

　　0～150mm 钢直尺一根,用于长度测量。

　　0～150mm 游标卡尺一把,用于测量圆外圆、孔径及深度。

　　4. 工艺路线安排。

　　(1) 工艺分析。

　　由图 7-4 可知该零件主要由平面、孔系及外圆组成,其装夹采用虎钳夹紧;零件的中心为工件坐标系原点,Z 轴原点坐标在工件上表面。

　　铣上表面方法:采用 $\phi 20$ mm 左右的铣刀,采用回字形的方法,一直到铣出 $\phi 40$mm 尺寸为止。

　　铣削 $\phi 60$mm 外圆方法:采用 $\phi 20$ mm 左右的铣刀,利用逐步加大圆直径改变刀补半径的方法铣出 $\phi 60$mm 尺寸来。

　　孔系加工方法:先用 $\phi 20$mm 的钻头钻 $\phi 40$H7 底孔,然后用镗刀镗出 $\phi 40$H7 孔,用 $\phi 13$mm 钻头钻出 $2 \times \phi 13$mm 螺孔,最后用锪孔钻锪出 $2 \times \phi 22$mm 孔。

　　(2) 确定编程原点、对刀位置及对刀方法。

　　根据工艺分析,工件坐标原点 X0、Y0 设在基准上面的中心,Z0 设在上表面。编程原点确定后,编程坐标、对刀位置与工件原点重合,对刀方法选用手动对刀,所需刀具种类及切削参数选择见表 7-6。

表 7-6　刀具选择及切削参数

序号	加工面	刀具号	刀具规格		转速 $n/(r \cdot min^{-1})$	进给速度 $V/(mm \cdot min^{-1})$
			类型	材料		
1	上表面	T01	$\phi20$ 立铣刀	硬质合金	800	150
2	$\phi60$ 外圆	T01	$\phi20$ 立铣刀		800	80
3	$\phi40H7$ 孔	T02	$\phi20$ 的钻头		800	80
4	$\phi40H7$	T03	镗刀		800	60
5	$2\times\phi22$ 孔	T04	$\phi13$ 钻头		800	60
6	$2\times\phi22$ 孔	T05	锪孔钻		800	60

5. 参考程序。

采用 FANUC 0i-Mate 系统对本实训项目进行编程，数控加工程序编制见表 7-7。

表 7-7　数控加工程序

程序语句	说　明
O0020；	主程序名
G90 G17 G54 G40 G49；	设定机床初始状态
M03 S800；	主轴正转，转速 800r/min
G90 G54 G43 Z5.0 H01；	坐标系建立，刀补加入
G00 X0 Y0 Z50.0；	快速移动
G00 X40.0；	
G01 Z−10.0 F150；	直线进给
G03 I−40.0	正圆铣削
G01 X60.0	直线进给
G03 I−60.0	正圆铣削
G01 X75.0	直线进给
G03 I−75.0；	正圆铣削
G00 X40.0；	快速移动
G01 Z−18.0 F150；	直线进给到加工深度
G03 I−40.0；	正圆铣削
G01 X60.0；	直线进给
G03 I−60.0；	正圆铣削
G01 X75.0；	直线进给
G03 I−75.0；	正圆铣削
G00 Z50.0；	快速移动
M05；	主轴停
M06 T02；	换 2 号刀
G90 G54 G43 Z5.0 H02；	坐标系建立，刀补加入
M03 S800；	主轴正转，转速 800r/min

程 序 语 句	说　　明
G98 G83 X0 Y0 R5.0 Z−45.0 Q5.0 F80；	钻孔铣削
G80 G49 Z10.0；	取消固定循环
M05	主轴停止
M06 T03；	换 3 号刀
G90 G54 G43 Z5.0 H03；	坐标系设定,刀补加入
M03 S800；	主轴正转,转速 800r/min
G98 G76 X0 Y0 Z−45.0 R5.0 F60；	镗孔循环
G80 G49 Z10.0；	取消固定循环,取消刀补
M05；	主轴停止
M06 T04；	换 4 号刀
G90 G54 G43 Z5.0 H04；	坐标系设定,刀补加入
M03 S800；	主轴正转,转速 800r/min
G98 G83 X60.0 Y0 R5.0 Z−45.0 F60；	钻孔循环
X−60.0 Y0；	钻孔
G80 G49 Z10.；	取消固定循环,取消刀补
M05；	主轴停止
M06 T05；	换 5 号刀
G90 G54 G43 Z5.0 H05；	坐标系设定,刀补加入
M03 S800；	主轴正转,转速 800r/min
G98 G83 X60.0 Y0 R5.0 Z−30.0 R5.0 F60；	钻孔循环
X−60.0 Y0；	钻孔
G80 G49 Z10.0；	取消固定循环,取消刀补
M05；	主轴停止
M30；	程序结束,复位

6. 考核评价。

(1) 各组学生独立完成零件加工,并交换检测,填写实训报告相应内容。

(2) 教师对零件进行检测,并对实训报告相应内容进行相应批改,对学生整个加工过程进行分析,对学生进行项目成绩的评定,记录相应的评分表。

(3) 收回所使用的刀夹量具,并做好相应的使用记录。

任务四　数控电火花线切割零件加工

（一）实训目的

1. 掌握简单零件的线切割加工程序的手工编制技能。

2. 熟悉 ISO 代码编程及 3B 格式编程。

3. 熟悉线切割机床的基本操作。

4. 掌握工件的装夹和找正方法。

（二）实训内容

1. 编制加工图 7-5 所示零件。

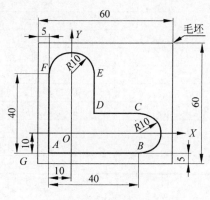

图 7-5　零件图

2. 相关知识。

（1）常用 ISO 编程代码。

G92 X＿ Y＿：以相对坐标方式设定加工坐标起点。

G27：设定 *XY/UV* 平面联动方式。

G01 X＿ Y＿(U＿ V＿)：直线插补。

　　X、Y 表示在 *XY* 平面中以直线起点为坐标原点的终点坐标。

　　U、V 表示在 *UV* 平面中以直线起点为坐标原点的终点坐标。

G02 U＿ V＿ I＿ J＿：顺圆插补指令。

G03 X＿ Y＿ I＿ J＿：逆圆插补指令。

以上 G02、G03 指令是以圆弧起点为坐标原点，X、Y(U、V)表示终点坐标，I、J 表示圆心坐标。

M00：暂停。

M02：程序结束。

（2）3B 程序格式。

B X B Y B J G Z

说明：B 表示分隔符号；X 表示 *X* 坐标值；Y 表示 *Y* 坐标值；J 表示计数长度；G 表示计数方向；Z 表示加工指令。

3. 工艺分析。

加工图 7-5 所示零件外形，毛坯尺寸为 60mm×60mm，对刀位置必须设在毛坯之外，以图 7-5 中 G 点坐标(−20，−10)作为起刀点，A 点坐标(−10，−10)作为起割点。为了便于计算，编程时不考虑钼丝半径补偿值。逆时钟方向走刀。

4. 参考程序。

（1）ISO 程序，见表 7-8。

表 7.8　ISO 程序及注解

程　　序	注　　解
G92 X−20000 Y−10000；	以 O 点为原点建立工件坐标系，起刀点坐标为（−20，−10）
G01 X10000 Y0；	从 G 点走到 A 点，A 点为起割点
G01 X40000 Y0；	从 A 点到 B 点
G03 X0 Y20000 I0 J10000；	从 B 点到 C 点
G01 X−20000 Y0；	从 C 点到 D 点
G01 X0 Y20000；	从 D 点到 E 点
G03 X−20000 Y0 I−10000 J0；	从 E 点到 F 点
G01 X0 Y−40000；	从 F 点到 A 点
G01 X−10000 Y0；	从 A 点回到起刀点 G
M00；	程序结束

（2）3B 格式程序，见表 7-9。

表 7-9　3B 格式程序及注解

程　　序	注　　解
B10000 B0 B10000 GX L1	从 G 点走到 A 点，A 点为起割点
B40000 B0 B40000 GX L1	从 A 点到 B 点
B0 B10000 B20000 GX NR4	从 B 点到 C 点
B20000 B0 B20000 GX L3	从 C 点到 D 点
B0 B20000 B20000 GY L2	从 D 点到 E 点
B10000 B0 B20000 GY NR4	从 E 点到 E 点
B0 B40000 B40000 GY L4	从 F 点到 A 点
B10000 B0 B10000 GX L3	从 A 点回到起刀点 G
D	程序结束

5．考核评价。

（1）各组学生独立完成零件加工，并交换检测，填写实训报告相应内容。

（2）教师对零件进行检测，并对实训报告相应内容进行相应批改，对学生整个加工过程进行分析，对学生进行项目成绩的评定，记录相应的评分表。

参 考 文 献

[1] 陈子银,陈为华.数控机床结构原理与应用.北京:北京理工大学出版社,2006

[2] 陈红康,杜洪香.数控编程与加工.第二版.济南:山东大学出版社,2009

[3] 毕毓杰.机床数控技术.北京:机械工业出版社,2006

[4] 关雄飞.数控机床与编程技术.北京:清华大学出版社,2006

[5] 刘利群,陈文杰.数控编程与操作实训教程.北京:清华大学出版社,2007

[6] 蔡厚道,吴暐.数控机床构造.北京:北京理工大学,2007

[7] 徐夏民,邵泽强.数控原理与数控系统.北京:北京理工出版社,2006

[8] 徐峰.数控加工.上海:上海科学技术出版社,2009

[9] 劳动社会保障部教材办公室.数控加工技术.北京:中国劳动社会保障出版社,2005

[10] 鞠加彬.数控技术.北京:中国农业出版社,2004

[11] 陈洪涛.数控加工工艺与编程.北京:高等教育出版社,2003

[12] 张超英,罗学科.数控机床加工工艺、编程及操作实训.北京:高等教育出版社,2003

[13] 顾京.数控加工编程及操作.北京:高等教育出版社,2003

[14] 余英良.数控加工编程及操作.北京:高等教育出版社,2005

[15] 陈洪涛.数控加工工艺与编程.北京:高等教育出版社,2003

[16] 夏庆观.数控机床故障诊断与维修.北京:高等教育出版社,2002